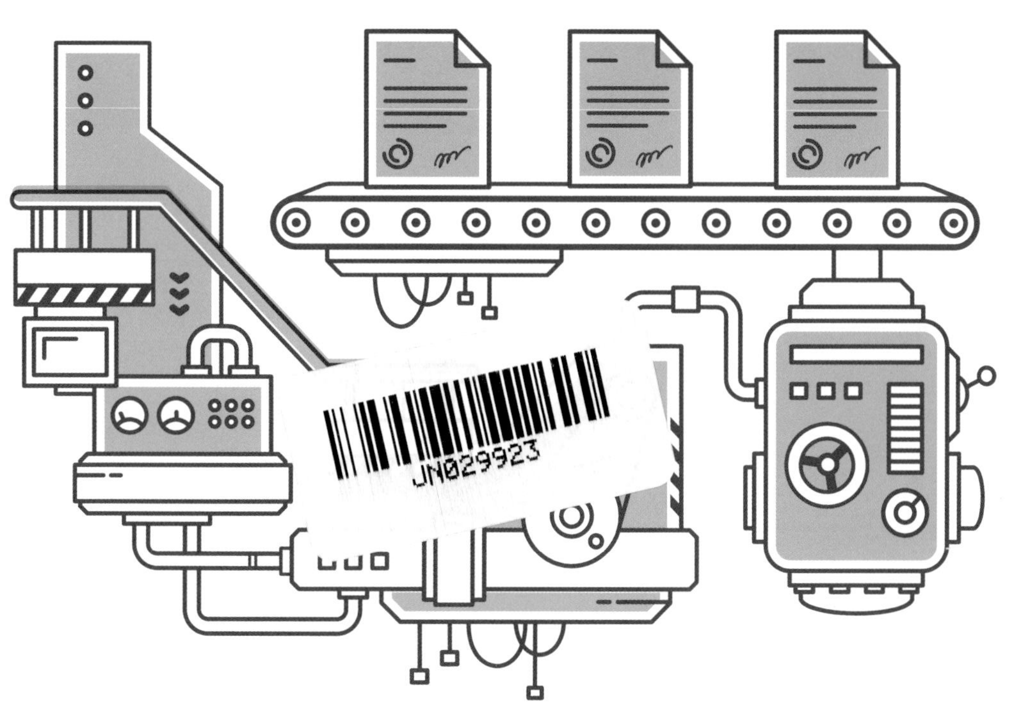

プロジェクトマネジメント

PROJECT MANAGEMENT

Project Management, Project Manager, PMO, Leadership, Scope, Cost, Schedule, Planning, Stakeholder, Engagement, Communication, Project Charter, Risk, Waterfall, Agile, WBS, Gantt Chart ... etc.

の基本がこれ1冊でしっかり身につく本

a textbook on
project management
basics for beginners

株式会社TRADECREATE イープロジェクト
前田和哉 Kazuya Maeda

技術評論社

■ご注意：ご購入前にお読みください

・本書に記載された内容は、情報の提供のみを目的としています。したがって、本書を用いた運用は、必ずお客様自身の責任と判断によって行ってください。
・本書の記載内容については、正確な記述に努めましたが、著者および技術評論社は、本書の内容に基づくいかなる結果にも一切の責任を負いません。
・本書の内容は、2022 年 5 月末現在のものを掲載しております。インターネットの URL、ソフトウェア／サービスの画面等は、バージョンアップなどの要因によって、本書での説明と異なってしまうことがあります。あらかじめご了承ください。
・本書の内容に関するご質問は、最終ページに記載された宛先まで、FAX または書面にてお送りください。電話によるご質問は受け付けておりません。また、技術評論社 Web サイトに掲載した本書サポートページからお問い合わせいただくこともできます。

以上の注意事項をご承諾いただいた上で、本書をご利用ください。これらの注意事項を読まずにお問い合わせいただいた場合、技術評論社および著者は対応いたしかねます。あらかじめご承知おきください。

はじめに

「プロジェクトマネジメント＝プロジェクト管理」と考え、業務を管理する方法というイメージを持ち、「自分はプロジェクトマネジャーではないから、あまり関係ない」と感じる方がいるかもしれません。しかしながら、プロジェクトマネジメントの考え方は、業界や職種は関係なくどのような分野の人でも利用でき、自身のビジネスを豊かにするものです。

そこで本書では、プロジェクトマネジメントを知らない初めての人を含め、あらゆる人にプロジェクトマネジメントを身近に感じてもらいたいという目的から、筆者の今までの実務経験、米国のPMBOK® (Project Management Body Of Knowledge) Guide、英国のPRINCE2® (PRojects IN Controlled Environments, 2nd version) などのプロジェクトマネジメントに関する理論、また実ビジネスに利用できそうな経営学やインストラクションデザインで利用される人材開発法に関する理論を加え、読み手の皆さんが何らかの気づきやきっかけを得られるように読みやすい形にしています。

本書の構成は、第1章ではプロジェクトマネジメントの基礎知識を、また第2章〜第6章では、プロジェクトを「立ち上げ」「計画」「実行」「監視・コントロール」「完了」という5つの段階に分け、各段階において注意していただきたいポイントを含め説明しています。ぜひ、ご自身の実ビジネスを想像しながら本書を読んでみてください。この書籍が、プロジェクトマネジメントへの理解、そして皆さんのビジネスを豊かにする一助となれば幸いです。

最後に、私が本書を執筆するにあたり、ご指導いただいた多くの先生方に感謝申し上げます。

2022年5月30日

株式会社TRADECREATE　イープロジェクト
前田和哉

目次

第2章 プロジェクトの立ち上げ

第3章 プロジェクトの計画立案

目次

第5章 プロジェクトの監視・コントロール

目次

第6章 プロジェクトの完了

アジャイルソフトウェア開発宣言（原文）

私たちは、ソフトウェア開発の実践
あるいは実践を手助けをする活動を通じて、
よりよい開発方法を見つけだそうとしている。
この活動を通して、私たちは以下の価値に至った。

プロセスやツールよりも個人と対話を、
包括的なドキュメントよりも動くソフトウェアを、
契約交渉よりも顧客との協調を、
計画に従うことよりも変化への対応を、

価値とする。すなわち、左記のことがらに価値があることを
認めながらも、私たちは右記のことがらにより価値をおく。

Kent Beck, Mike Beedle, Arie van Bennekum, Alistair Cockburn, Ward Cunningham, Martin Fowler, James Grenning, Jim Highsmith, Andrew Hunt, Ron Jeffries, Jon Kern, Brian Marick, Robert C. Martin, Steve Mellor, Ken Schwaber, Jeff Sutherland, Dave Thomas

第1章

プロジェクト
マネジメントの基本

Section 01 プロジェクトと定常業務

そもそもプロジェクトとは何でしょうか。ここでは、プロジェクトと定常業務の違いなどを通して、プロジェクトについて考えていきます。

あなたの業務はプロジェクトなのか

筆者はプロジェクトマネジメントの研修において、アイスブレイクとして「プロジェクトって何だと思いますか？」という問いをすることがあります。アイスブレイクとは、研修の最初に行うアクティビティで、研修参加による緊張をほぐすことを目的としたディスカッションなどの方法です。

こうしたアイスブレイクでは、とくに正解はなく、さまざまな回答が考えられます。たとえば「目的が存在する業務」「一過性の業務」「計画を必要とする業務」などです。これらの回答はどれも正解です。

しかしながら、「私が携わっている仕事はプロジェクトではないから、想像がつかない」と言う人が時々います。研修の合間に話を聞くと、「プロジェクトというのはそもそもITに特化したものであるから、自分には関係ない」という回答や、「システム会社に所属はしているが、保守・運用の作業に携わっているから関係ない」といった回答が多くありました。

前者の回答については、たしかに近年まで「プロジェクトはITの専売特許」のように表現する情報も多く、こうした情報の影響を受けている可能性があります。しかしながら、本書を手にしている方はご存知の通り、プロジェクトはITの専売特許ではありません。IT業界以外にも、建設関係、製薬、メーカーなどさまざまな業界・業種でプロジェクトは存在します。また職種で言えば、開発職ではなく営業職がプロジェクトを統括している企業もあります。

後者の回答については、システム開発業務だけをプロジェクトとして捉えていると思われます。しかしながら、保守・運用業務においても、たとえば顧客の要望に基づき「訪問スケジュール」（計画）を立案し、故障しているものを修正します。修正することで顧客に価値を提供しているという点から考えると、こうした保守・運用業務もプロジェクトと言えるのです。

どのようなものがプロジェクトか

では、どのようなものがプロジェクトなのでしょうか。ここでのポイントは、「業務は大きく2つしかない」という点です。その2つとは、**プロジェクト**と**定常業務**です。

定常業務とは、ルーチンワークのことで、業務の終了時期を設定することがなく、継続性が求められる業務です。具体的には、経理や人事などの機能部門の業務、プロジェクトで開発した製品を継続的に生産する業務などが該当します。つまり定常業務とは、会社が安定して収益をあげるために必要な業務であり、プロジェクトとの関連性が求められます。

そして、定常業務の対義語がプロジェクトです。つまり、携わっている業務が定常業務でなければ、皆さんはプロジェクトに携わっていることになるのです。

定型業務

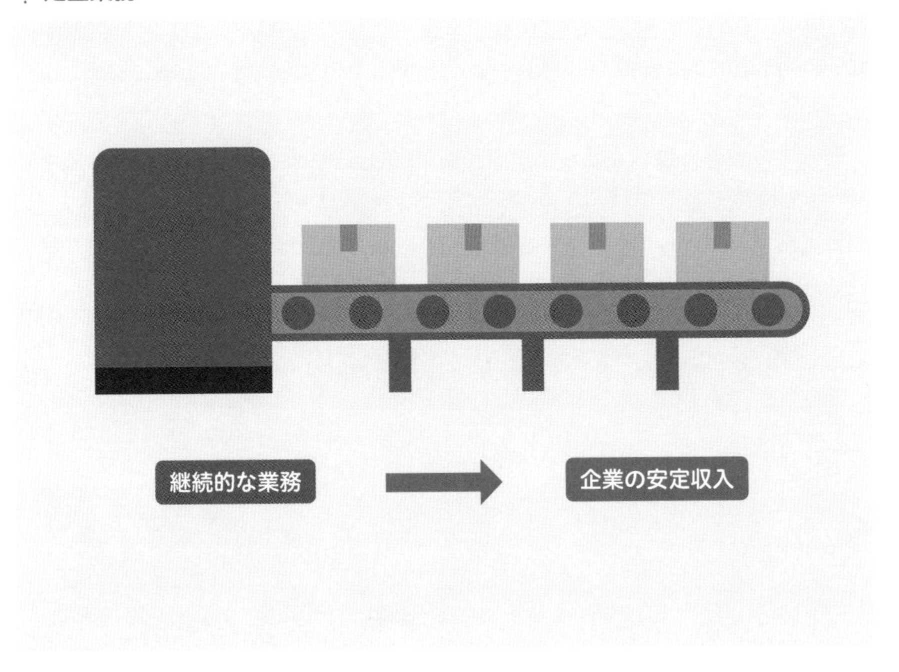

次のセクションからは、プロジェクトとはそもそもどのようなものか、プロジェクトに影響を与える要因とは何か、プロジェクトを進めるために必要な要素は何かなど、詳細を確認します。

Section 02 プロジェクトの要素

プロジェクトとは、「いつまでに、何を作成するのか」が定められている業務です。ここでは、プロジェクトの定義に関わる独自性、有期性、機能横断、リスク、変化について確認します。

プロジェクトの定義

たとえばISO21500（プロジェクトマネジメントに関する国際標準）では、プロジェクトを「目的を達成するために遂行する開始日と終了日をもち、調整し、管理する活動で構成するプロセスの独自性のある集合」と定義しています。

また、米国プロジェクトマネジメント協会（PMI）が発行しているPMBOKガイドでは、「独自のプロダクト、サービス、所産を創造するために実施する、有期性のある業務である」と定義しています[注1.1]。PMBOKガイドとは、Project Management Body Of Knowledgeの略称であり、プロジェクトマネジメントの知識体系ガイドです。

どちらの定義も難しく感じますが、簡単に言えば「いつまでに、何を作成するのか」を決めている業務がプロジェクトです。プロジェクトで作成するものは、有形・無形のどちらでもかまいません。そのため製品はもちろん、サービス構築や業務を行うことで得られる結果も含みます。

たとえば4月の年度初めに、皆さんが上司に呼ばれて「今年度中に売上を対前年比110%としなさい」という指示を受けた場合、その時点でプロジェクト実施の指示を受けたことになります。このように、プロジェクトとは日常的によくある業務なのです。

プロジェクト発足

今年度中に売上を
対前年比110%としなさい！
はい、がんばります！

プロジェクト発足

プロジェクトの要素：有期性と独自性

プロジェクトとは、「いつまでに、何を作成するのか」を決めている業務だと説明しました。もう少し専門的な用語で確認しましょう。

「いつまでに」は納期を示し、その納期のことを**有期性**と言います。有期性は、短期間であっても長期間であっても、どちらでもかまいません。「何を作成するのか」はプロジェクトで達成すべきことを示し、達成すべきことは顧客や会社の都合など業務環境により異なります。これを**独自性**と言います。

つまりプロジェクトとは、決定している納期（有期性）に合わせて、要望に合う製品やサービス（独自性）を提供する業務のことです。

では、もう少し具体的に考えてみましょう。皆さんはある飲食店に勤めています。最近店の売上が低迷しているため、1ヶ月の開発期間で、20歳代前半の顧客のニーズに合う新メニューを開発しようと考えました。この業務はプロジェクトです。

つまり、開発期間1ヶ月という点が「有期性」であり、20歳代前半の顧客のニーズに合う新メニューが「独自性」です。このように、プロジェクト業務は業界・業種を問いません。

プロジェクトのイメージ

新メニュー開発業務
（プロジェクト）

有期性：開発期間１ヶ月
独自性：20歳代前半の
ニーズに合ったメニュー

注1.1）出典：『プロジェクトマネジメント知識体系ガイド（PMBOK®ガイド）第7版＋プロジェクトマネジメント標準』／Project Management Institute Inc.／2021年／P.247
Project Management Institute Inc., "The Standard for Project Management, 2006" PMBOK® Guide – Seventh Edition 2021. Copyright and all rights reserved. Material from this publication has been reproduced with the permission of PMI.

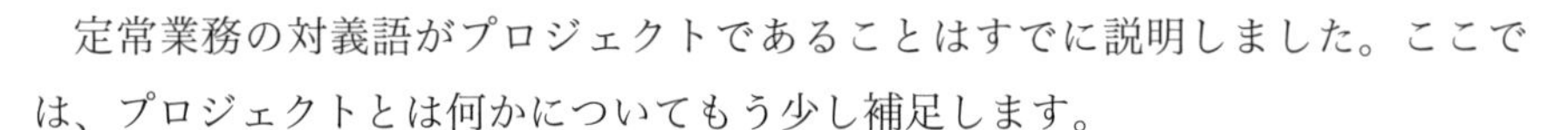

プロジェクトの要素：機能横断・リスク・変化

定常業務の対義語がプロジェクトであることはすでに説明しました。ここでは、プロジェクトとは何かについてもう少し補足します。

プロジェクトマネジメントの方法論に、英国商務局が開発した**PRINCE2**（PRojects IN Controlled Environments, 2nd version）があります（➡ Section 14）。近年は日本でもPRINCE2の考え方を利用している企業が増えてきました。

PRINCE2では「いつまでに、何を作成するのか」以外に、「機能横断」「リスク」「変化」という3つの要素を挙げています。

機能横断

機能横断とは、プロジェクトに臨む体制のことです。近年、社会の変化に対応する形で顧客の要求も複雑化し、1つの事業部ですべての業務を遂行することが難しいケースも増えてきました。こうした場合、異なるスキルを持つ多くの人が異なる部署から集められ、顧客の要求に対応しようとします。こうした状況のことを機能横断と言います。

しかしながら、1つの分野だけに特化した専門家ばかり集めてしまうとメンバーの数が多くなり、人件費も増加します。これを回避するには、T字型スキルを持つ人材が望ましいと言われています。T字型スキルとは、幅広い知識を持ちながら1つの専門性を備えたスキルを指します。皆さんが所属する事業部において、T字型スキルを持つ人材がいるかどうか想像してみましょう。

機能横断とT字型スキル

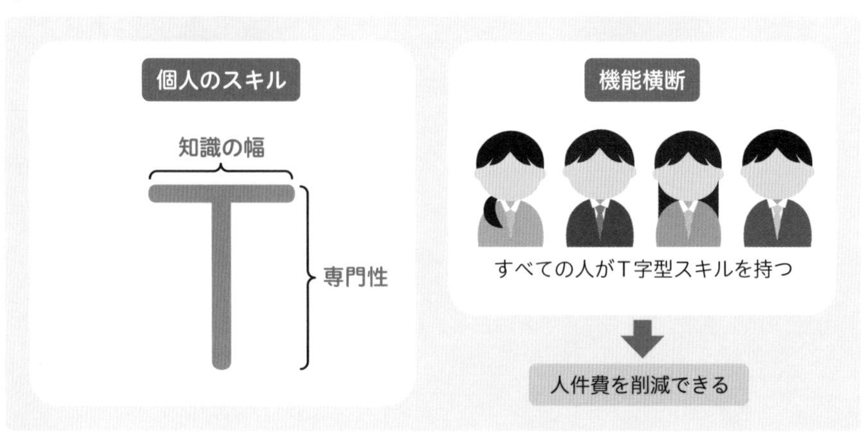

リスク

2つ目は**リスク**です。リスクとは、プロジェクトに影響を与える、発生が不確実な事象を示します。

定常業務では、リスクが発生しづらくなります。そもそも定常業務は決められた業務であり、不確実なことが起こりづらいことが理由です。

もちろん、開発した製品を継続的に生産する業務において、経済状況や社会状況によって生産がストップするケースもありますが、これは稀なケースと言えるでしょう。そもそも、このような事態が起こった場合は企業の存続すら危うくなるかもしれません。

変化

3つ目は**変化**です。

たとえば、皆さんが新メニューの開発プロジェクトに携わっているとします。新メニュー開発プロジェクトの影響で、一部の社員には今まで以上の業務を行う必要が生じる可能性があります。もしかするとその社員は「現状のメニューでも顧客は十分満足している！　追加作業はしたくない！」と不平不満を言い、プロジェクトを妨害するかもしれません。

このように、皆さんの業務（プロジェクト）が所属する組織に何かしらの影響を与える、これが変化です。こうした変化に対して、柔軟に、かつ適切に対応することが求められます。

変化への対応

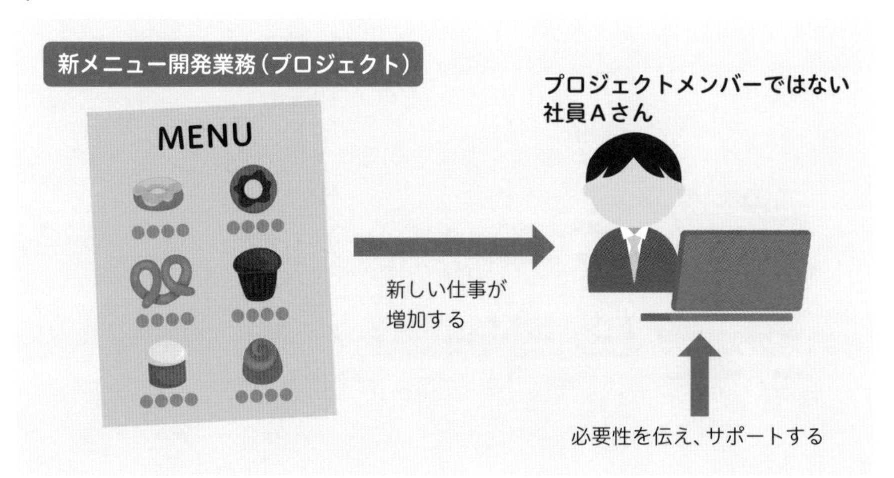

Section 03 なぜプロジェクトマネジメントが必要か

プロジェクトを進める上で必要となるプロジェクトマネジメントとは、どのようなものでしょうか。ここでは、プロジェクトマネジメントに必要なものを確認していきます。

プロジェクトマネジメントとは何か

プロジェクトを進める上で必要な**プロジェクトマネジメント**とは、プロジェクトを滞りなく進めるための業務の進め方です。

皆さんが業務を進める際は、多くの場合、なぜその業務を行う必要があるのかという目的を設定すると思います。業務の目的は、顧客や上司と話し合いながら決定するケースが多いでしょう。

目的が明確になったら、目的の達成に必要なメンバーをアサインし、何を、いつまでに、どのくらいの費用をかけて実施するのか計画を立てます。計画を立てたら、計画に基づいて業務を進め、定期的に進捗を確認します。遅延や超過などのさまざまな課題が生じた場合は、その課題に対処し、何かしらの成果を得て目的を達成します。

こうした業務の進め方がプロジェクトマネジメントです。たいていの業務は、このような進め方になるはずです。つまり、プロジェクトマネジメントとは非常に身近な作業の進め方なのです。

プロジェクトマネジメント

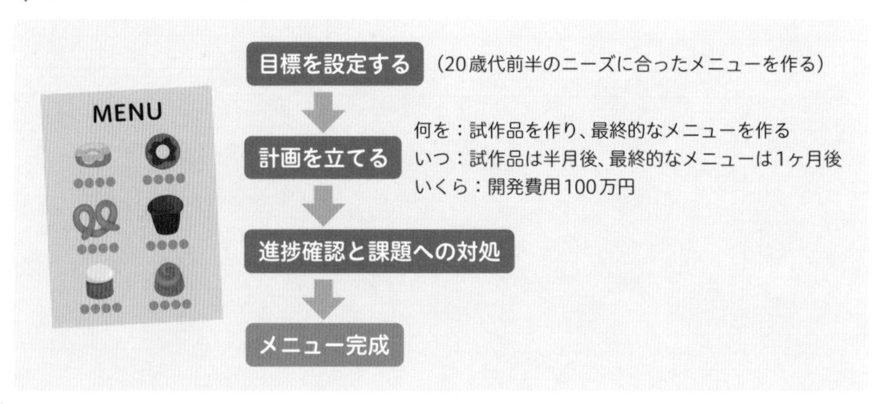
MENU
目標を設定する
(20歳代前半のニーズに合ったメニューを作る)
計画を立てる
何を：試作品を作り、最終的なメニューを作る
いつ：試作品は半月後、最終的なメニューは1ヶ月後
いくら：開発費用100万円
進捗確認と課題への対処
メニュー完成

プロジェクトマネジメントの定義

プロジェクトマネジメントについて、ISO21500では、「方法、ツール、技法及びコンピテンシを、あるプロジェクトに適用すること」と定義しています。また、PMBOKガイドでは、「プロジェクトの要求事項を満足させるために、知識、スキル、ツール、及び技法をプロジェクトへ適用すること」と定義しています[注1.2]。

両方の定義で共通しているのは、「知識、スキル、ツール、技法などを利用する活動」という点です。ここでの知識、スキルとは、業務に関わる参加者の能力・やる気、皆さんのノウハウや経験などです。一方のツール、技法とは、計画書、日程表、会議、会議で必要なファシリテーション技法などです。

では、こうしたツールや技法がなぜ必要なのでしょうか。その理由は、プロジェクトは顧客の要望に応えるために成果物などを作成する業務であり、作成は個々の能力に依存する傾向が強くなるためです。ツールや技法を利用することで、こうした属人性を軽減し、プロジェクトの状況を伝えやすくなり、周囲のサポートも得られやすくなります。

しかしながら、ツールや技法を利用することを面倒だと感じる人もいます。たしかにツールや技法を利用することで、自身の作業に集中できる時間が少なくなることは事実ですから、ツール、技法の作成・利用にはあまり時間をかけず、負担をほどほどにする必要があります。

ツール・技法のメリットとデメリット

メリット

属人性を軽減できるので、プロジェクトの状況が伝えやすくなり、周囲のサポートも得やすくなる

デメリット

ツールや技法を使うことに時間を取られ、作業に集中できない

注1.2）出典：『プロジェクトマネジメント知識体系ガイド（PMBOK®ガイド）第7版＋プロジェクトマネジメント標準』／Project Management Institute Inc.／2021年／P.248

Section 04 制約条件と前提条件

プロジェクトを進めるためにまず確認をする必要があるのが、制約条件と前提条件です。この制約条件と前提条件次第で、プロジェクトの厳しさは大きく変わります。条件が曖昧なプロジェクトは上手くいかないことが多いと言えます。

制約条件と前提条件

プロジェクトを進める上で確認すべきことは、プロジェクトの**制約条件**です。制約条件とはチームの動きを制限する条件のことで、代表的な制約条件は、「どのようなものを、いつまでに、いくらで作るのか」です。「どのようなもの」はスコープ、「いつまでに」はスケジュール、「いくらで」はコストです。この、プロジェクトにおいて重要な「スコープ」「スケジュール」「コスト」の3つの制約条件を**プロジェクトの3大制約条件**と言います。

一方の**前提条件**とは、プロジェクトを進めるために必要な条件であり、場合によっては変化するおそれのある条件です。皆さんも、前提が覆る経験をしたことがあるでしょう。このように前提条件は、最初は正しいと思っていたものが、結果として正しくなくなる場合もあるのです。そのため、前提条件を定期的に確認する必要があります。

皆さんが上司から業務の指示を受けた場合、「いつまでに、何を、どの程度の予算で行うのか」という点を明確にするはずです。つまり、スコープ、スケジュール、コストという制約条件を明確にしているわけです。また、自身の過去の経験から「業務を進めるために必要なものは何か」を考えることもあるでしょう。その、必要だと考えているものが前提条件です。

制約条件と前提条件

制約条件
チームの動きを
制限する条件
前提条件
プロジェクトを進める
ために必要な条件
制約条件と前提条件が、プロジェクトに大きな影響を与える

条件が曖昧なプロジェクトは失敗する

制約条件と前提条件を曖昧にすると、最終的にプロジェクトの目的を達成できなくなる場合があります。具体的に考えてみましょう。

たとえば皆さんが「あるサービスを、今期中に1,000万円で開発してほしい」という上司の要望を確認したケースを考えます。そして皆さんは、要望の詳細を確認せず、自身のこれまでの経験から、サービス構築に必要な機材や手法を考えたとします。

ここでは「あるサービスを、今期中に1,000万円で開発してほしいという要望」が制約条件、「サービス構築のために必要な機材や手法」が前提条件です。しかしながら、おそらくこのままではプロジェクトの目標を達成することは難しいでしょう。理由は、前提条件も制約条件も曖昧だからです。

本来ならば、まず上司にインタビューをし、プロジェクトの制約条件となっている要望の詳細を確認することが妥当です。そして、要望の詳細を確認した後、何が必要であるか前提条件を確認します。

ただし、この時点での前提条件は正しくない可能性も高いです。そこで自身の経験や過去の情報を利用し、前提条件の裏付けを確認する必要があります。つまり制約条件と前提条件は関連性があるのです。制約条件次第で前提条件は変化しますし、前提条件が変わると制約条件に影響を与えることもあります。こうした理由から、プロジェクトを進める上で定期的に前提条件を確認する必要があるのです。

また、上手くいかないプロジェクトでは、制約条件と前提条件が不十分な状態でそのまま進めているケースも多いです。

制約条件と前提条件の関係

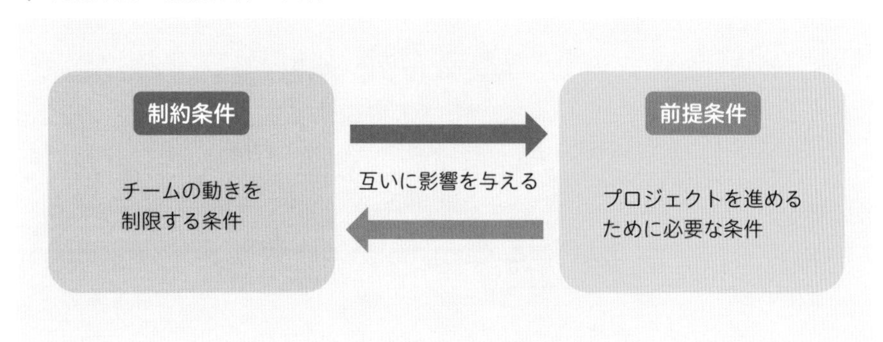

Section 05 制約条件に関して重視すべきこと

プロジェクトの3大制約は、スコープ・スケジュール・コストであると説明しました。この3大制約はどれも重要なのですが、最も重要な制約条件は利用する開発方法によって異なります。

ウォーターフォール型プロジェクトでの制約条件

プロジェクトの3大制約条件であるスコープ・スケジュール・コストですが、どの制約条件が最も重要な制約条件になるのかは、利用する開発方法によって異なります。

たとえば**ウォーターフォール型プロジェクト**の場合、最も重視されるのはスコープです。ウォーターフォール型とはプロジェクトでもよく利用される開発法で、たとえば建設を含む重工業系などで利用される手法です。開発法についてはSection 10でも説明しますが、近年ではIT業界で、スコープ・スケジュール・コストの変化に柔軟に対応できる**反復型**の開発法を利用するプロジェクトも増えてきました。

ウォーターフォール型は「滝」のイメージで、原則手戻りが起こらないように、プロジェクトの開始時にスコープ・スケジュール・コストをきっちり決め、1つ1つの工程をていねいに進めていきます。そして、すでに説明した通り、最も重視すべき制約条件はスコープであると言われます。なお、ここでのスコープとは「顧客の要求事項」だと考えるのが良いでしょう。

ウォーターフォール型の制約条件

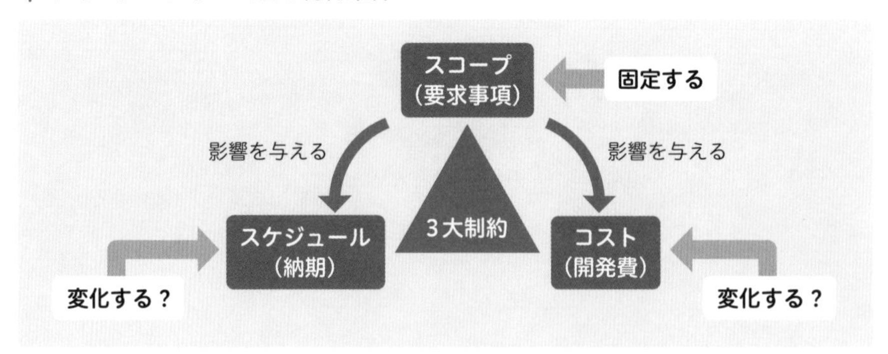

アジャイル型プロジェクトでの制約条件

アジャイル型プロジェクトの場合は、ウォーターフォール型とは異なります。アジャイル型とは、顧客の要求や社会のニーズの変化に対応するために、最近よく利用されている開発法です。主にWebサイトやスマートフォンのアプリなどのように、開発する成果物の規模が小さい場合に利用されます（➡Section 10）。

アジャイル型では、顧客の要求や社会のニーズの変化に対応するという観点から、スコープが変化することを前提としています。そのため、プロジェクトの開始時に明確にするのはスケジュールとコストです。

アジャイル型の制約条件

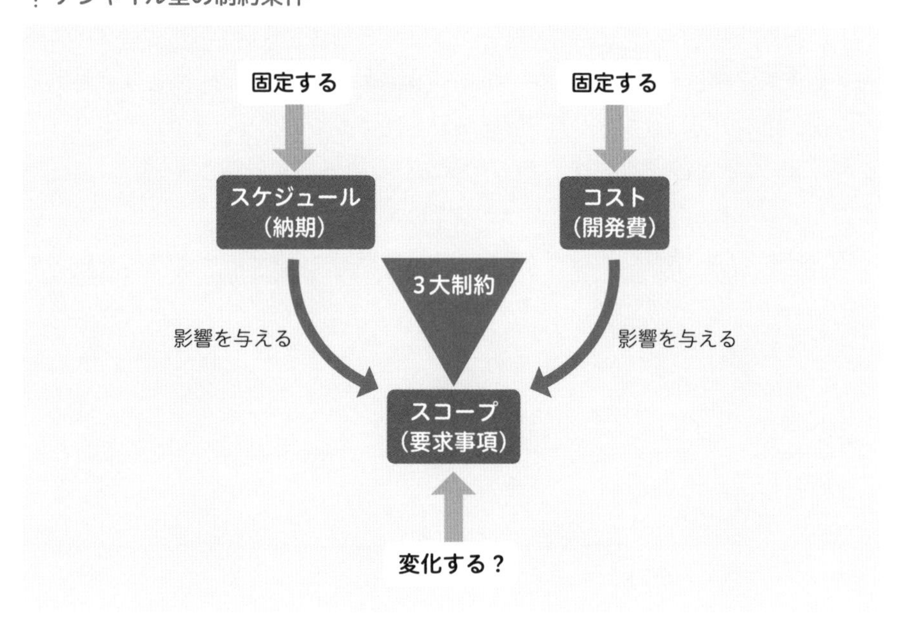

アジャイル型プロジェクトにおいて、プロジェクト開始時にスケジュールとコストを明確にしないケースでは、顧客から追加依頼が発生した場合にすべての条件が変化し、プロジェクトの終わりが想定できなくなります。

そのため、プロジェクトを行うために顧客と契約を結ぶ際は、すべての要求に対応することが難しい場合も考慮して、**準委任契約**が望ましいと言われています。準委任契約とは、成果物の完成ではなく、約束した期間だけ「発注者の仕事を手伝う」「代わりに実施する」という契約のことです。

Section 06 ステークホルダーの存在

ステークホルダーとは、プロジェクトの影響を受けるであろう個人やグループを指します。プロジェクトは1人で行うことができないため、ステークホルダーは重要な要素の1つです。

ステークホルダーとは

ステークホルダーと聞くと、自身が所属する会社（組織）の上層部のみを想像する人がいます。PMBOKガイドでは、「プロジェクトにおける意思決定、アクティビティ、または成果に影響を与える、または影響を受ける、あるいは自ら影響を受けると感じる個人やグループ」と定義されています[注1.3]。つまり、所属している会社の上司はもちろん、一緒に業務を進めるメンバー、作業をサポートするベンダーなども含まれます。「自ら影響を受けると感じる個人」とあるように、どのような人でもステークホルダーとなり得ます。

プロジェクトに関わるステークホルダーについては、定期的に特定する必要があります。ステークホルダーのイメージは下図の通りです。ステークホルダーは、内部と外部に分けて特定すると、もれなく特定することができるでしょう。

ステークホルダー

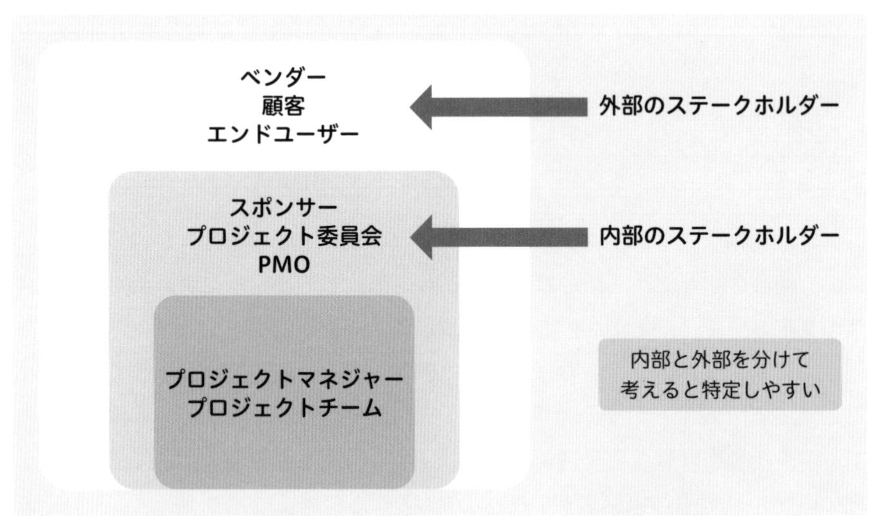

ステークホルダーに関して注意すべきこと

プロジェクトは1人で進めることができません。よってステークホルダーの存在は極めて重要です。ステークホルダーは、プロジェクトの成功・失敗に大きな影響を与える要因の1つです。

ステークホルダーに関して注意すべきことは、皆さんが携わるプロジェクトにはどのようなステークホルダーがいて、それぞれのステークホルダーがどのようなモチベーションなのか、という点です。

「どのようなステークホルダーがいて」とは、各ステークホルダーのスキルに関するものです。ここでのスキルとは、交渉力を含めた対話力、リーダーシップ、会議での運営能力、影響力、文化に対する認識などのプロジェクトを進めるために必要なスキルであり、そもそも人に備わっている個人の特性のことです。**人間関係のスキル**とも言います。

「どのようなモチベーション」とは、主にプロジェクトに対するやる気です。このやる気のことを**エンゲージメント**と言います。エンゲージメントが低い場合、プロジェクトに対して積極的に参加しているわけではないため、適宜、そのステークホルダーに対して配慮しながらプロジェクトを進めることになります。

前述した通り、ステークホルダーに対する考え方はプロジェクトを進める上でとても重要な部分なので、本書ではあらためて別の章で詳細を説明します。

ステークホルダーはプロジェクトの成否に影響を与える

ステークホルダーの

人間関係のスキル（そもそも人に備わっている個人の特性）

エンゲージメント（やる気）

プロジェクトの成功に大きな影響を与える

注1.3）出典：『プロジェクトマネジメント知識体系ガイド（PMBOK®ガイド）第7版＋プロジェクトマネジメント標準』／Project Management Institute Inc.／2021年／P.241
Project Management Institute Inc., “The Standard for Project Management, 2006” PMBOK® Guide – Seventh Edition 2021. Copyright and all rights reserved. Material from this publication has been reproduced with the permission of PMI.

Section 07 組織体の環境要因

プロジェクトに影響を与える要因のことを組織体の環境要因と言います。ここでは主に、どのような要因がプロジェクトに対して影響を与える可能性があるのかを確認していきます。

プロジェクトに影響を与える要因とは 

組織体の環境要因（Enterprise Environmental Factors）とは、プロジェクトに影響を与える組織内部と組織外部の環境要因のことです。

これらの環境要因は、プロジェクト発足前に確認する必要があります。環境要因次第では、そもそもプロジェクトを進めることができなくなる可能性があるためです。また、環境要因は時間の経過とともに変化する可能性があります。どのようなものが要因なのか、以降で確認していきます。

組織体の環境要因の例

項目	内容
組織内部の環境要因	・組織文化や組織構造 ・組織のガバナンス ・人事管理 ・組織で利用されているコミュニケーション方法 ・母体組織が保有している施設や資源、ソフトウェア ・従業員の能力　など
組織外部の環境要因	・競合や業界の動向 ・政治情勢 ・為替などの経済状況 ・社会ニーズ ・技術革新 ・国の規制（法規制）、業界標準 ・天候などの条件　など

上記は組織体の環境要因の一部です。プロジェクトにおいて注意すべき環境要因について、詳細を確認していきます。

内部の環境要因に関して注意すべきこと

ここでは、組織内部の環境要因について確認します。筆者はこれまでさまざまなプロジェクトに対して、研修やコンサルティングといった手段で支援してきました。その経験をもとに考えると、プロジェクトに対して良くも悪くも影響を与えやすい組織内部の環境要因は、**組織文化や組織構造**です。

組織文化とは、組織内の暗黙のルール、継続的に慣習化されている行動、企業のビジョン、ビジョンの伝え方を含めた仕事の進め方などです。

ある企業では、管理者から「メンバーが仕事をしやすいように、メンバーに権限を与え、さまざまな支援をしている」と聞かされていました。ところが実際には、管理者がメンバーに対して具体的な作業指示を行い、すべての意思決定を管理者が行い、メンバーは管理者の指示を待ち、すべての行動について管理者の指示を確認していました。

すべての意思決定を管理者が行う組織文化は、決して悪いことではありません。しかしながらこのケースでは、組織文化の影響により「メンバーが仕事をしやすいよう権限を与える」という、本来望んでいた管理方法が別の形に変わってしまいました。

一方の組織構造とは、プロジェクト型や機能型といった組織の形のことです(➡Section 08)。組織構造次第では、プロジェクトマネジャーに与えられる権限は大きく変わります。

組織文化がプロジェクトに与える影響

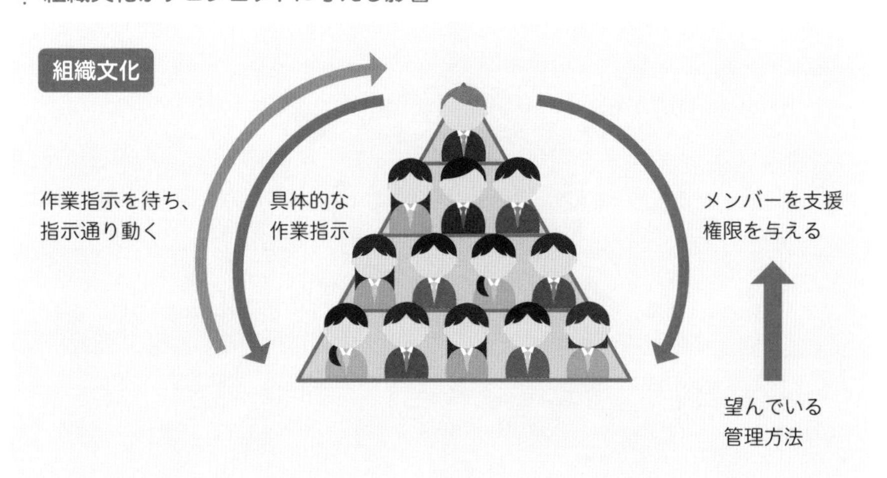

外部の環境要因に関して注意すべきこと

プロジェクトに影響を与える組織外部の環境要因が**PESTEL**です。これは、Political（政治）、Economical（経済）、Social（社会）、Technological（技術）、Environmental（環境）、Legal（法律）の頭文字をとったもので「ペステル」と読みます。自分のプロジェクトには直接関係しないと感じるかもしれませんが、実は大きな影響があります。

たとえば近年、リモートワークの推奨など働き方が大きく変化しました。これまで対面で行っていた作業は、ZoomやMicrosoft Teamsなどを利用してコミュニケーションをとりながら行うようになりました。これはまさに環境の変化であり、その影響でプロジェクト業務の進め方、マネジメントの方法も大きく変わります。

また、2005年に施行されたいわゆる個人情報保護法は、ビッグデータの取り扱いによって2015年に改正されました。社会の流れを受けたことによる法律の変化であり、その影響によって、新しいビジネスが生まれたり、今まで認められていたことが規制の対象になったりする場合もあります。

プロジェクトを進める上では、PESTELのそれぞれの項目にどのような要因があるのか、どの要因に注意すべきかを事前に考える必要があります。

PESTEL

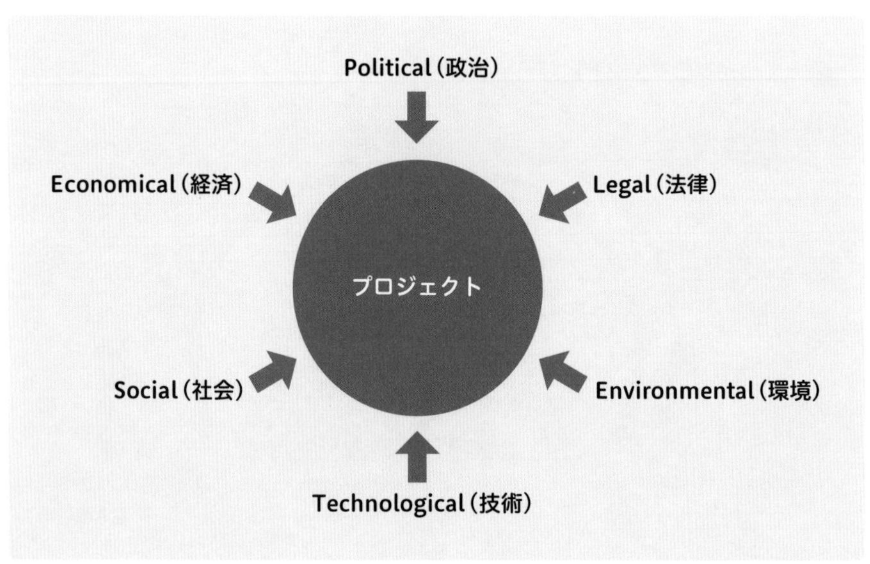

組織のプロセス資産

組織のプロセス資産とは、過去のプロジェクトやアクティビティから得た教訓や、組織が保管する全般的な過去の情報です。簡単に言えば、過去に実施されたプロジェクトの情報など、各部門や個人が保有している「これから実施するプロジェクトで利用できそうな情報やツールのこと」です。

組織のプロセス資産も、組織体の環境要因と同様にプロジェクトを進める上では欠かすことができません。たとえば、上司から新商品を開発するよう指示を受けた場合や、顧客から早急なシステム修正の依頼を受けた場合、皆さんは過去の経験を振り返り、参考にできそうなデータを探すと思います。この参考にできそうなデータが、組織のプロセス資産です。

組織のプロセス資産は、業界や職種を問わず必ず存在しており、プロジェクトに必要です。多ければ多いほど、さまざまな状況に対応するための情報を得ることができるかもしれませんが、定期的な更新の必要があります。以下は、組織のプロセス資産の一例です。

組織のプロセス資産(例)

項目	内容
プロジェクトの立ち上げと計画で利用できる	・ベンダーのリスト ・計画書などのテンプレート ・母体組織の品質方針 ・プロジェクトの進め方(プロジェクトライフサイクル) など
プロジェクトの実行と監視コントロールで利用できる	・課題が発生した場合の対処法 ・資源の管理方法 ・課題管理表などのテンプレート ・標準化された作業の進め方　など
母体組織の知識資産	・労務時間・予算などの財務データ ・構成管理手順などのデータ ・過去のプロジェクトで得られた教訓　など

Section 08 プロジェクトを進める組織の構造

プロジェクトを進める組織はどのようなものがあるのでしょうか。皆さん自身が所属している組織をイメージしながら、プロジェクトに影響を与える組織構造について確認していきましょう。

機能型組織

組織構造次第でプロジェクトマネジャーに与える権限が大きく変わることはすでに説明しました(➡Section 07)。なお、この場合の組織構造とは、皆さんが所属している会社の形を指します。ここでは、プロジェクトを進める組織構造について確認します。まず**機能型組織**です。

機能型組織でプロジェクトを進める場合、プロジェクトチームを組成することはありません。その理由は、プロジェクト業務だけが組織を横断するためです。以下の図で示すと、まず開発部の神部さんがプロジェクト業務を進め、その結果を受けて生産部の福住さんが作業を進めます。プロジェクト業務は、原則として各部門長がマネジメントします。開発部の神部さんがプロジェクトマネジャーであっても、神部さんにはプロジェクト業務の権限はとくに与えられません。神部さんの業務をマネジメントするのは開発部門長です。

機能型組織でプロジェクト業務を行うメリットは、従来の資源がそのまま利用できる点です。

機能型組織とプロジェクト業務

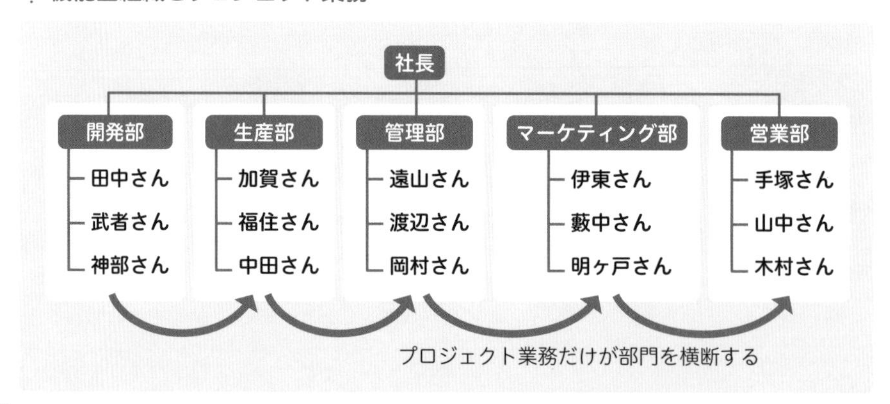

プロジェクト型組織

次は**プロジェクト型組織**です。プロジェクト型組織とはタスクフォース型とも言われ、機能型とは対極にある組織構造です。プロジェクト型組織では、各プロジェクトが1つの部門として独立しており、プロジェクトマネジャーには強い権限が与えられます。

プロジェクト型は意思決定の仕組みが分かりやすく、該当プロジェクトにおいて柔軟に、即時対応をすることができます。また下図の通り、個別に調達部門や人事部門などの支援組織も含めることができます。

その一方で、各プロジェクトで支援組織を含めることができるため、支援組織をプロジェクト間で共有することができない場合は、管理コストが増加してしまう可能性があります。

また、プロジェクトは有期性のある業務であり、プロジェクトの目標を達成した場合はプロジェクトチームは原則解散します。そのため、プロジェクトの終結が近づくと、一部のメンバーは次のプロジェクトにアサインできるのかという不安を抱え、精神的に不安定になるとも言われています。

プロジェクト型組織とプロジェクト業務

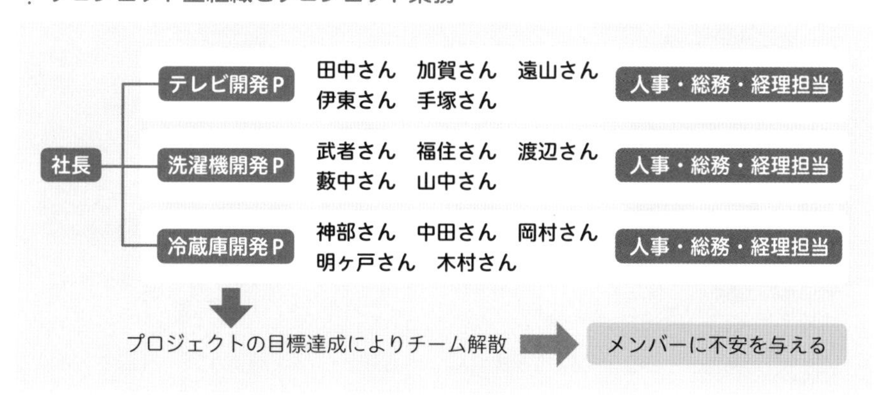

ここまでの解説で、機能型、プロジェクト型によってプロジェクトマネジャーの権限が大きく変わることはお分かりいただけたと思います。つまり、そもそも会社の組織構造が機能型であれば、プロジェクトマネジャーに強い権限を与えることは不可能だということです。プロジェクトマネジャーに権限と独立性を与えたいのであれば、組織構造についても検討する必要があります。

マトリクス型組織

次は**マトリクス型組織**です。マトリクス型組織は、日本国内では機能型やプロジェクト型と比較して数が多い組織構造と言われています。

マトリクス型は、プロジェクトマネジャーの権限によって、弱い・バランス・強いという3つに分けることができます。バランスとは、「プロジェクトマネジャーと各部門長の権限が同程度である」という意味です。よって、強いマトリクス型組織の場合は、プロジェクトマネジャーの権限がプロジェクト型組織と近い形になり、弱いマトリクス型組織の場合は、プロジェクトマネジャーの権限が機能型組織と近い形になります。弱いマトリクス型組織と機能型組織の違いは、主にプロジェクトチームの形を作るか否かという点です。

この組織構造で従事している従業員は、上司からの業務指示が輻輳（ふくそう）になります。輻輳とは、所属している部門の管理者とプロジェクトマネジャーから、ある1人の従業員に指示が集中する状態のことです。

よくあるケースですが、やはり仕事ができる人や仕事をお願いしやすい人には作業が集中する傾向があります。部門長とプロジェクトマネジャーで相談しながら、該当する従業員には十分な配慮が必要です。

マトリクス型組織とプロジェクト業務

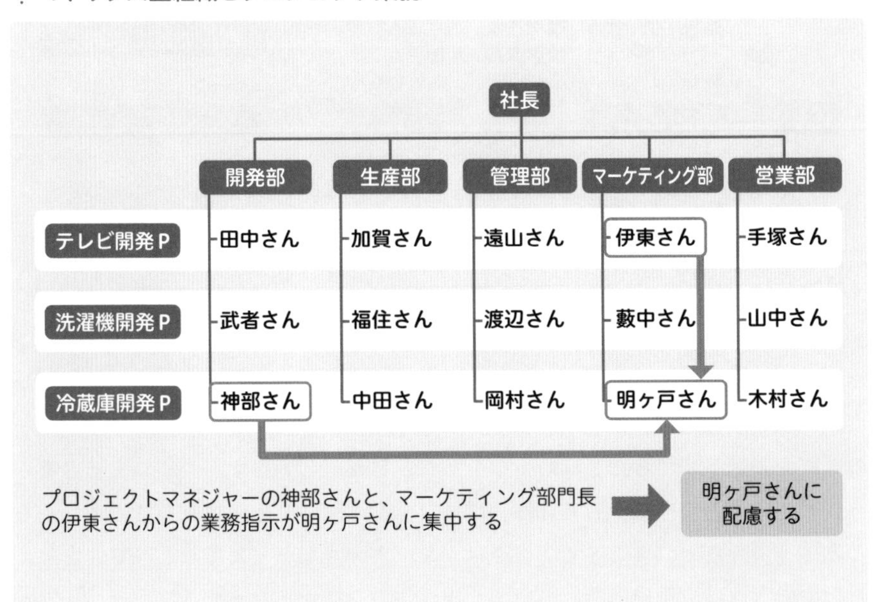

PMO（Project Management Office）

PMOとはProject Management Officeの略称で、組織の中にあるプロジェクト支援部門のことです。支援内容は多岐にわたり、代表的なものは以下の通りです。皆さんが所属する組織にPMOという部門が存在しない場合も、おそらくPMOの役割に近い部門は存在していると思います。そのような部門を想像すると分かりやすいでしょう。

- **プロジェクトチームに対するコーチングやトレーニング**
- **プロジェクトの方針、手順などが守られていることの監視**
- **プロジェクトで利用できるテンプレートの開発と管理**
- **プロジェクト間のコミュニケーションの調整**

上記の通りPMOには専門性があり、プロジェクトが組織の方針に従って作業を進めているか監視する役割を持つため、プロジェクトにガバナンスを適用することができます。ここで言うガバナンスとは、プロジェクトを第三者が管理することで、プロジェクトチームによる不正を未然に防ぐことです。

PMOは、プロジェクトに対するコントロールの度合いにより、支援型・コントロール型・指揮型の3つに分けることができます。

PMOの3つのタイプ

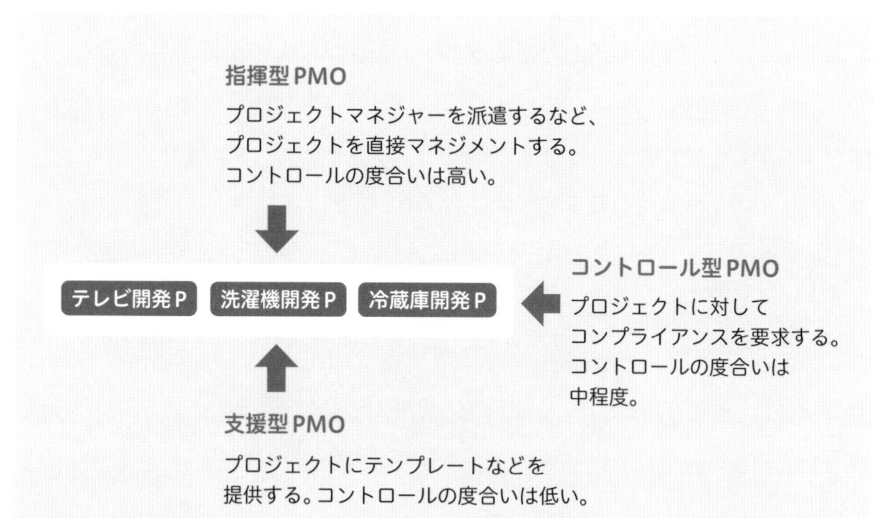

Section 09

そもそも組織とは何か

多くのプロジェクトは1人で進めることができず、組織で進めることになります。ここでは、「そもそも組織とは何か」をあらためて確認していきます。プロジェクトを進める方には必要な知識です。

組織とは

前のセクションで、プロジェクトを進める組織について説明しました(Section 08)。皆さんもご存知の通り、プロジェクトは1人で進めることができず、チームという組織が必要です。

研究開発分野では、専門家が1人で研究に没頭し、研究成果を得るプロジェクトもあります。しかしながら、研究自体を1人で進めていたとしても、研究をサポートする人は欠かせないはずです。つまり研究開発分野のプロジェクトであっても、完全に1人で進めることは難しいのです。

では、組織にはどのような要素が必要なのでしょうか。以下の3つが組織成立の条件であり、組織が存続する前提と言われています。

- 目的：共通の目的を持っている
- 貢献意欲：共通の目的に向かって互いに協力するという意思
- コミュニケーション：円滑なコミュニケーションが取れる

この考え方は、米国の経営学者チェスター・バーナードによって1960年代に提唱されました。筆者もさまざまなプロジェクトに関わっていますが、上記3つのいずれかが十分ではないプロジェクトが多いと感じています。

組織の3要素

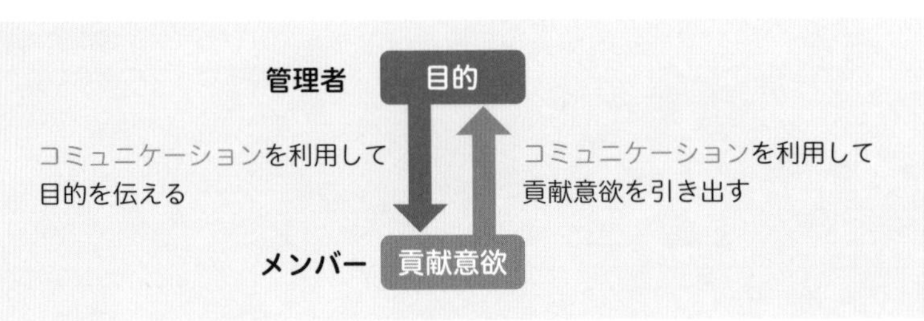

プロジェクトの目的とコミュニケーション

プロジェクトにおいては、「なぜそれを行う必要があるのか」という**目的**を明確にする必要があります。また、その目的は内面化され、共有されていなければなりません。つまり、プロジェクトに関わる誰もが、掲げた目的を完全に理解し納得していることが必要です。

かつて筆者が経験したあるプロジェクトで、このような事例がありました。

管理者Aさんは、プロジェクトの立ち上げ時に各メンバーに対してプロジェクトの目的を文書で提示しました。Aさんは、プロジェクトの目的は各メンバーに内面化され、共有されていると感じています。

しかしながら、メンバーはその文書にあった目的について、ある程度理解は示したものの、完全に賛同できている様子ではありませんでした。Aさんが言っていることだから単に従えば良いと考えるメンバーや、目的に対して不満はあってもそれを口にしないメンバーもいました。

では、なぜそのようなことが起こったのでしょうか。最大の理由は**コミュニケーション**でした。

Aさんは、文書で提示したほうが各メンバーの都合の良いタイミングで確認できるだろうと考え、文書を選択したようです。しかしながら、文書のみの提示ではプロジェクトの目的を正確に伝えることが難しく、目的に対する完全な理解をメンバーから得ることができない状況になっていました。

目的を内面化し共有するには、相手の理解や立場を考慮し、しっかりと何度も伝えることが必要です。コミュニケーションにおいて注意をすべきポイントは、本書の中であらためて説明します。

目的を伝える時に注意すべきこと

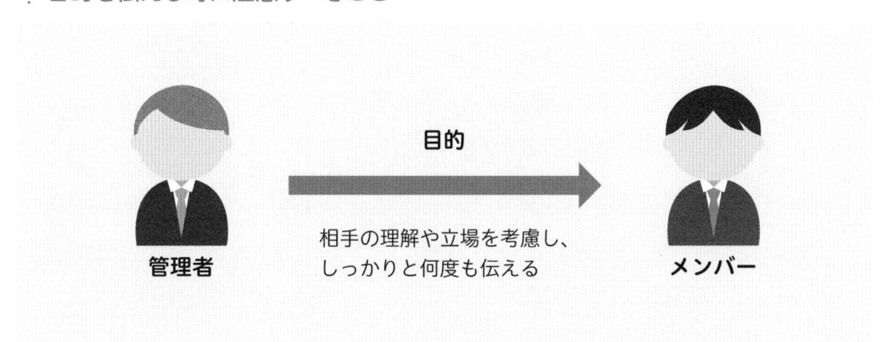

目的と手段の転倒

プロジェクトの目的を伝達しただけで、内面化や共有がされていない場合、どのような弊害が考えられるのでしょうか。それは、組織の目的と各メンバーの手段が転倒することです。

本来、各メンバーの目的は、プロジェクトの目的を達成するための手段でなければなりません。しかしながら、各メンバーの手段が目的になってしまうケースがあります。こうしたケースでは、メンバーは自身が行う業務に集中しますが、その業務が本当に必要かどうかは特定できません。なぜなら、本来のプロジェクトの目的を見失っているためです。

以下の図では、日下部さんと高橋さんはそれぞれが正しいと思う業務を行っていますが、別のメンバーにはその業務を行う理由が分かりません。情報共有が希薄になり、メンバー間でのいざこざが発生しやすくなり、プロジェクトの本来の目的を達成しづらくなります。

こうした状況になってしまったら、「そもそも、このプロジェクトの目的は何か？」という原点に立ち戻り、それぞれの行動を見直す必要があります。

目的と手段の転倒

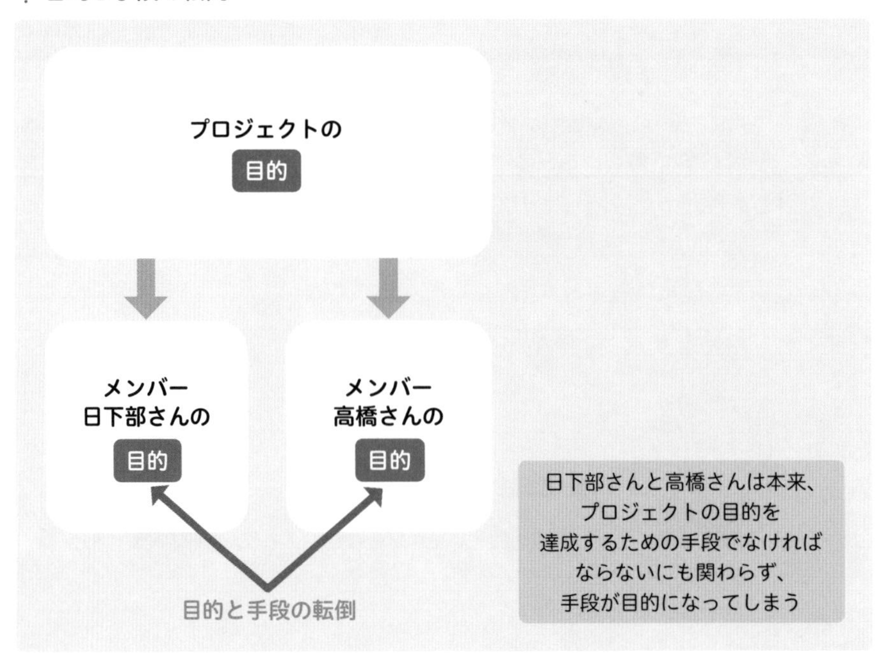

貢献意欲と誘因

組織成立のもう1つの条件である**貢献意欲**について確認します。貢献意欲とは、共通の目的に向かって互いに協力する意思のことです。この貢献意欲はエンゲージメント（➡Section 06）と同じものだと考えてください。

貢献意欲を高めるには、コミュニケーションを利用して目的を提示するだけでは不十分であり、戦略的に**誘因**を利用する必要があります。誘因とは、貢献意欲を喚起させるきっかけのことです。誘因には主に以下の2種類が考えられます。

誘因の種類

名称	内容
特殊的誘因	お金がほしい、優越感を得たい、社会的な威信がほしい、個人的に権力がほしい、地位がほしい、昇進したい、社会に認められたい
一般的誘因	馴染みある環境や慣れている人や社会とつながっていたい、仲間意識、連帯感、自分がやったほうが良いという意識

また、貢献意欲を高める上では、以下の図の通り誘因のほうが貢献意欲より高まっていなければなりません。なお、特殊的誘因の「お金」は、生存水準を超えると効果がなくなるため注意が必要です。

誘因と貢献意欲の関係

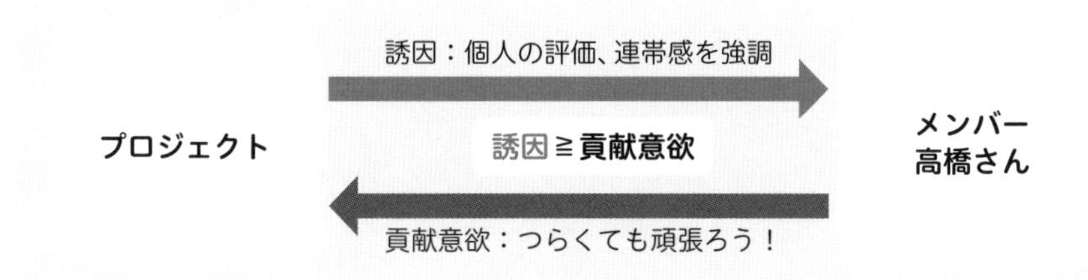

目的を伝える時にコミュニケーションが必要であることはすでに述べましたが、各メンバーの貢献意欲を引き出すために誘因を利用する時もコミュニケーションは欠かせません。プロジェクトを進めるためには、戦略的なコミュニケーションが必要になります。

Section 10 成果物の開発方法

ここまで、プロジェクトを進めるあたって事前に確認すべきこと、注意すべきことを説明しました。このセクションでは、成果物をどのように開発するのかという開発方法について確認します。

予測型開発

予測型開発とは、主に規模の大きな成果物を開発する時に利用する開発方法です。計画駆動型開発、ウォーターフォール型開発とも言い、よく建設系プロジェクトや新薬開発プロジェクトで利用されています。

特徴としては、プロジェクト開始時に「どのようなもの（スコープ）を、いつまでに（スケジュール）、いくらで（コスト）作るのか」という制約条件をできるだけ早い段階で明確に決めます。この方法では、顧客からの追加依頼といった要求変化が発生した場合にスケジュールとコストに大きな影響がある可能性が高いため、課題が発生した場合の対処方法についてもプロジェクト開始時に明確に決定しておく必要があります。

また、規模の大きな成果物を開発する予測型開発では、プロジェクトに参加するメンバーの数も非常に多くなります。その結果、プロジェクトをマネジメントするための文書類の数も増加する傾向があります。

予測型開発

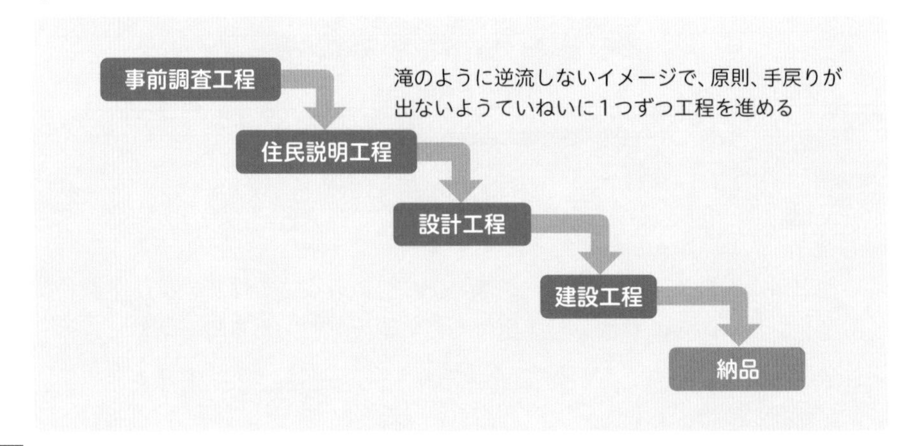

反復型開発

反復型開発は、現在多くのプロジェクトで利用されている開発方法です。各工程で顧客にプロトタイプを提供するなどして要求を明確にする、プロジェクトを進める中で柔軟に変化に対応するといった特徴があります。変化は要求だけではなく、スケジュールとコストの見積もりが定期的に見直されるケースもあります。

IT系プロジェクトを進めている人の中には、「私はウォーターフォール型開発にしか携わったことがない」と言う人がいます。しかしながら、話をよく聞いてみると、純粋なウォーターフォール型開発（予測型開発）ではなく反復型開発を利用していたというケースが多いです。

IT系プロジェクトでは、開発する成果物の規模が大きくないケースも多く、そうしたケースではメンバーの数も少数であり、プロジェクトをマネジメントするために必要な文書の数もそれほど多くありません。また、各工程の中で顧客と話し合いながら、要求はもちろんスケジュールとコストの調整も行っています。

以下は反復型開発のイメージですが、こうしたケースに当てはまるのであれば純粋なウォーターフォール型ではなく反復型開発の要素が取り込まれています。

反復型開発

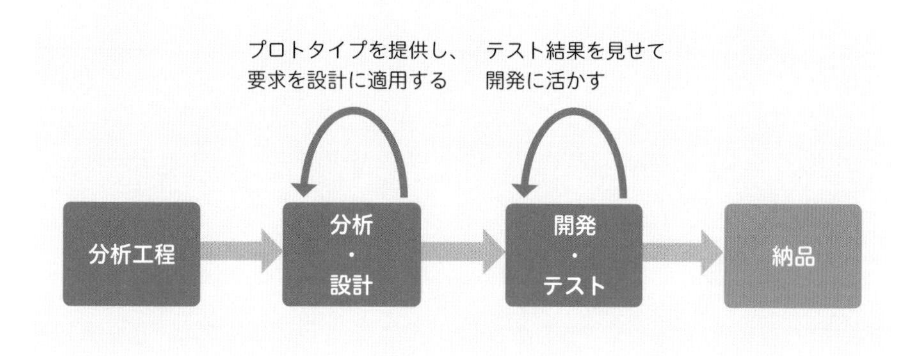

反復型開発は後述する**アジャイル型開発**と同じ種類であり、この2つを合わせて**適応型開発**と言います。顧客の要求を聞きながらプロジェクトを進めたい場合に適している開発方法だと言えます。

アジャイル型開発

そもそもアジャイルとは

アジャイルとは英語ではagileであり、機敏・敏捷という意味です。主にIT系のプロジェクトで利用される開発方法であり、ホームページやスマートフォンアプリなど規模が小さな成果物を開発するのに適しています。アジャイル型開発の中には、クリスタル、スクラム、エクストリームプログラミング（XP）などのさまざまな開発法が含まれます。

アジャイル型開発は、もともとトヨタ生産方式の考え方である「必要なものを、必要な時に、必要なだけ」というジャストインタイムや、ジャストインタイムで利用される生産指標のカンバンという考え方が米国で研究され、**リーン生産方式**として概念化されたものを、システム開発分野に適用したものと言われています。

カンバンとは、余計なものを開発しないように、後工程を担当する人が必要なものを前工程の人にカンバンという帳票を利用して伝える方法のことです。リーン生産方式の「リーン」とは「スリムな」という意味であり、こちらも余計なものを開発しないという点に関連しています。

カンバンやリーン生産方式などがもとになっているアジャイル型開発では、計画書などの文書類も必要なものだけを開発することになります。

アジャイル型開発の注意点

筆者の周りのプロジェクトでは、最近、顧客から「開発法はアジャイルでお願いできますか？」という声をよく聞きます。おそらくアジャイル型開発の「余計なものを作らない」「機敏に」「敏捷に」という特徴を知り、こうした依頼をしていると思われます。

しかしながらアジャイル型開発は、プロジェクトに参加する顧客の関与度が高くないと適用できない点に注意する必要があります。つまり、「とりあえずお金を渡すから、すぐに成果物を作ってほしい」という要望には、この開発方法を適用することができません。

アジャイル型開発の構造

以下の図がアジャイル型開発の構造です。まず目標を設定し、要求事項を収集して、3〜6ヶ月程度の計画を立てて開発作業を進めるという構造は、どのプロジェクトでも同じだと思います。

しかしながら、各イテレーション（開発を含む作業期間のこと）の中で、途中まで開発した成果物をテストし、顧客から成果物についてのフィードバックをもらう必要があります。つまりアジャイル型開発の場合、顧客は各イテレーションで実施されるテストに参加する必要があるのです。

前述した「とりあえずお金を渡すから、すぐに成果物を作ってほしい」という関与度では成立せず、一緒に成果物を作り上げるような関与度でなければ、アジャイル開発は成功しません。

アジャイル型開発の構造

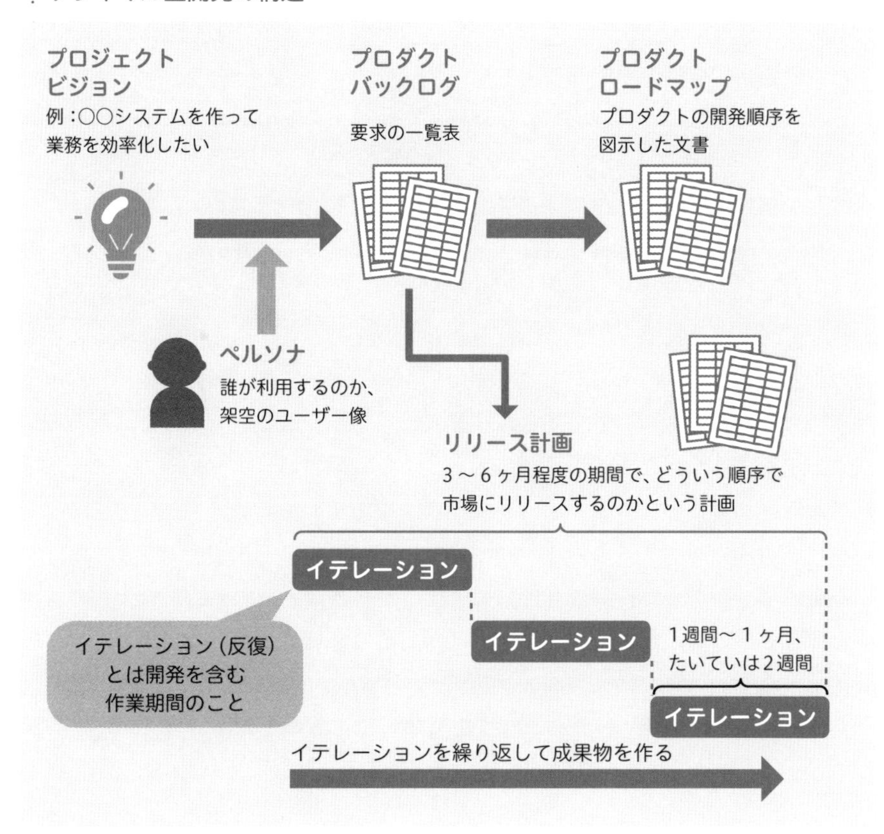

Section 11 リーダーシップとマネジメント

「プロジェクトをリードする」とは、いったいどのようなことを指すでしょうか。また、リーダーシップとマネジメントにはどのような違いがあるのでしょうか。ここでは、かつて筆者が上司から指摘されたことを例に考えていきます。

「プロジェクトをリードする」とは

これは、筆者がかつて勤めていた会社で担当したプロジェクトにおける出来事です。

20年以上も前ですが、筆者は当時の上司から「新しい事業部を立ち上げて、そこで新しい商品を作る。ついては社長決裁をもらうために、そもそもニーズがあるのか、どんな商品を作るのかということを考えなさい」という指示を受けました。当時、作業を手伝ってくれたメンバーと残業を重ね、必死に作業を進めました。残業時間は月100時間前後でした。

ところがその最中に再び上司に呼ばれ、プロジェクトの進め方にダメ出しをされました。

彼女の指摘は、「残業をして短期間で業務に見通しをつけようとするのは良いが、リーダーシップを発揮して、もっと効率的にメンバーを管理するように」という内容でした。当時の筆者は、正直なところその指摘についてあまり納得はしておらず、上司の指摘も何となく分かるものの、その意図を完全に理解していなかったと思います。

当時、労働環境についてまだそれほど厳しくなく、筆者が所属していた会社は残業をすることが当たり前の環境でした、また、筆者は「リーダーシップとはそもそも何をすることなのか」「効率的に管理をするとはどのようなことなのか」という点を明確に理解できていませんでした。

当時の筆者が取った行動は、週単位で実行すべきことを決め、適宜上司に状況報告をすることでした。今にして思えば、上司のプロジェクトに対するエンゲージメントを高めるという点では良い方法だったかもしれません。しかしながら、彼女の指摘にあった「リーダーシップを発揮して、もっと効率的にメンバーを管理する」という指摘には対応できていませんでした。

リーダーシップとマネジメントの違い

筆者が受けた上司からの指摘は、おそらく社会人経験をお持ちの読者であれば、これと近い経験があるのではないでしょうか。

ここからは、リーダーシップとは何かを考えるとともに、効率的にメンバーをマネジメントするという根本的な部分に関わる、各プロジェクトマネジメント理論の原理原則を確認します。

まず、リーダーシップとは何でしょうか？　経営学者のコッターは「リーダーシップは、変革を起こし、変革の方向性を決めること」としています。つまり、新しいことにチャレンジしながらチームをけん引する能力のことです。

リーダーシップに近い言葉に、マネジメントがあります。マネジメントとは、計画に基づき業務を進めながら、複雑な状況に上手く対処することです。つまり、マネジメントとリーダーシップは異なるものなのです。以下の表で違いを確認してみましょう。

リーダーシップとマネジメント

リーダーシップ	マネジメント
外部を見る	内部を見る
ビジョンを示す	計画を立案し実行する
未来を創造する	現状を改善する
メンバーを鼓舞する	メンバーを統制する
正しいことをする	物事を正しく行う
革新する	管理する
現状維持を疑問視する	現状維持を承認する
メンバーに対して働きかけ、協働する	メンバーに対して職権を利用して指示する

この表は、PMBOKガイドの内容を一部加筆修正したものです[注1.4]。

注1.4) 出典：『プロジェクトマネジメント知識体系ガイド（PMBOK®ガイド）第7版＋プロジェクトマネジメント標準』／Project Management Institute Inc.／2021年／P.17
Project Management Institute Inc., “The Standard for Project Management, 2006” PMBOK® Guide – Seventh Edition 2021.

Section 12 さまざまなリーダーシップの形

プロジェクト進行には、リーダーシップとマネジメントの両方が必要です。ここでは、実業務で利用できそうなリーダーシップ理論と、リーダーとしての権威、またどのようにリーダーシップ理論を実務で活かすのかという点について説明します。

管理型リーダーシップ

リーダーシップとマネジメントの違いについてはすでに説明しました。筆者はこれまでの経験を思い返し、プロジェクトを進める上で両方の能力が必要だと考えています。

プロジェクトマネジャーなどの立場でプロジェクトを進める場合、計画を立案し実行することはもちろん必要ですが、ビジョンを示すことも必要です。また、有期性という要素を持つプロジェクトにおいて現状維持を承認することも必要ですが、現状維持を疑問視し、作業の進め方などについて改善することも必要になります。

要するに、リーダーシップとマネジメントのバランスを考えながら、プロジェクトの状況に応じて対応することが求められるのです。

リーダーシップ理論はいくつかありますが、ここではプロジェクトで利用できそうなものをいくつか紹介します。まずは**管理型リーダーシップ**です。管理型リーダーシップとは、部下をよく見て管理するリーダーシップであり、以下の3項目を適用します。

管理型リーダーシップ

項目	内容
状況に応じた報酬	成果を上げた個人に対して正当な報酬を与える。正確な評価を受けていることを認識し、さらなる成果を上げることを促す
問題発生への対応	問題が深刻な状況にならないように事前に処置をする
例外的な管理	個人が成果を上げている間は、たとえそれが古いやり方でも継続させる

変革型リーダーシップ

変革型リーダーシップとは、メンバーにビジョンを示し、メンバーを指導し、変革するリーダーシップです。変革型リーダーシップは以下の3項目が該当しますが、リーダーシップと聞くとこの変革型リーダーシップをイメージする方が多いのではないでしょうか。

変革型リーダーシップ

項目	内容
モチベーション喚起	メンバーに訴えかけ、鼓舞するように目標をはっきり伝え、尊敬を集めるような態度を取り続け、個人のプライドや忠誠心に刺激を与える
知的刺激	個人の能力を引き出し、創造性を高め、個人が物事を新しい視点で考えるようにする
個人重視	個人に対して、メンタリングやコーチングを利用して成長を重視する

リーダーシップ理論を実務で活かす方法

ここまで2つのリーダーシップ理論を紹介しましたが、「自分に合うのはどのリーダーシップ理論なのか」を固定してしまわないよう注意してください。

プロジェクトは、制約条件や環境要因によって変化します。また、開発方法によっても利用しやすいリーダーシップは異なります。自分に合うリーダーシップ理論を固定してしまうと、状況変化に柔軟に対応できなくなり、プロジェクトを上手に進めることができません。

重要なことは、各リーダーシップ理論がどのような状況に適用できるのかを考え、少しずつ自身の実業務に適用させることです。適用したもののあまり良い結果を確認できなかった場合は、原因を検討し、改善した方法を再度試すことも必要です。

こうした改善行動を繰り返すことで、理論と実践を融合させ、自身の経験則のみでアクションを決定することは徐々に減少し、各現場に合った裏付けのあるリーダーシップをとることができるようになります。

サーバントリーダーシップ

サーバントリーダーシップとは、メンバーを支援する支援型リーダーシップです。サーバントとは使用人・召し使いという意味の言葉です。

サーバントリーダーシップにおいては、変革型リーダーシップのように尊敬を集める態度をとり、メンバーに具体的な指示を行うことはありません。また管理型リーダーシップのように、プロジェクト進行中に発生する問題が深刻な状況にならないよう、プロジェクトマネジャー自らが事前に対処することはありません。

サーバントリーダーシップでは、以下の4点を行います。

- **メンバーが作業に集中できるよう、妨害から守る**
- **作業進捗の障害を取り除く**
- **チームを成功に導くため、メンバーにビジョンを伝える**
- **メンバーが作業を進める上で必要な資源を提供する**

「メンバーを妨害から守る」とは、たとえば、プロジェクトには直接関係ない上司からの追加依頼からチームを守ることなどが該当します。「作業進捗の障害を取り除く」とは、たとえば、メンバー間での情報共有を促進したいがデータの保管場所が明確になっていない場合に、その場所を定めるといったことが該当します。

このサーバントリーダーシップはあくまで支援のみであり、自ら意思決定することはなく、意思決定は支援を受けているメンバーが基本的に行います。サーバントリーダーシップは、主にアジャイル型開発（➡Section 10）でのプロジェクトマネジャーに適用されるリーダーシップと言われています。

サーバントリーダーシップ

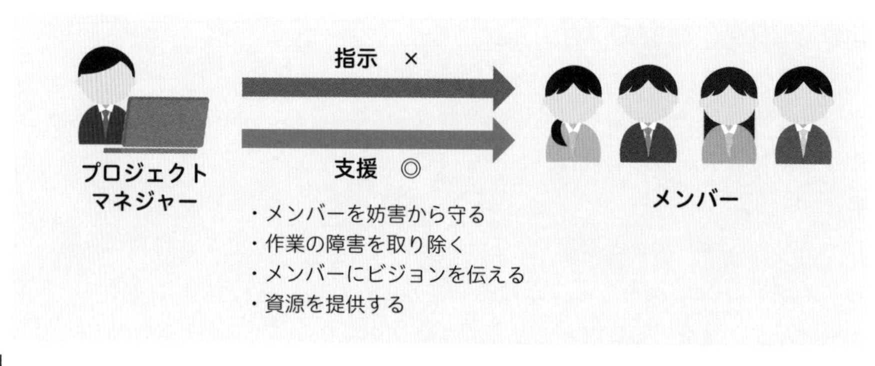

リーダーの権威

問題発生時の対応などを率先する管理型リーダーシップ、メンバーから尊敬を集めるような態度をとる変革型リーダーシップ、メンバーに権限を与えメンバー自らが意思決定をする支援に徹するサーバントリーダーシップなど、どのリーダーシップについても、皆さんが適用することで得られる権威の形があります。どの権威の形が良いのかは明確ではありませんが、権威の形は以下の4つと言われています。

リーダーの権威

名称	内容
罰を与える権威	メンバーに罰や表彰・報償を与えることで、プロジェクトマネジャーとして権威を得る
専門的権威	プロジェクトマネジャーに特殊なスキルが備わっている時に周囲から認められる権威（プロジェクトマネジャーでなくとも、専門スキルが高いメンバーでも得られる権威）
合法的権威（フォーマルな権威）	役職が与えられたことによる権威。プロジェクト立ち上げ段階でよく利用される
後ろ盾による権威	メンバーから人間性などが認められ、プロジェクトマネジャーとして権威を得る。この権威の形を得ることができるまでは時間がかかると言われている

なお、自身の権威を継続させる場合は、相手を配慮したコミュニケーションが必要になります。

たとえばメンバーに対して罰や表彰・報償を与えることでリーダーとしての権威を得ていた場合も、なぜ罰や表彰・報償を与えるのかという点を明確に伝えていなければ、メンバーは不平・不満・不安を抱きます。また合法的権威であっても、権力に任せた一方的なコミュニケーションをするなど、リーダーに値しない行動をとっていれば信頼はなくなり、権威もなくなります。

Section 13 PMBOK第7版での12の原則

効率的にプロジェクトをマネジメントするという根本的な部分に関わる、各プロジェクトマネジメント理論の原理原則について確認しましょう。まずはPMBOK第7版における原理原則です。

PMBOK第7版とは

Section 02でも触れましたが、PMBOK (Project Management Body of Knowledge) とは、米国のプロジェクトマネジメントの知識体系です。PMI (Project Management Institute) という米国プロジェクトマネジメント協会が、良い実務慣行として各企業で一般的に認められるプロジェクト業務の進め方を調査し、約4年に一度改訂するものであり、日本国内ではプロジェクトマネジメントの知識体系として主流の1つです。

PMBOKガイドの初版は1996年であり、現在は2021年にリリースされたPMBOKガイド第7版が最新版です。ここでは、PMBOKにおけるプロジェクトマネジメントの原理原則を確認します (出典はP.051の注1.5を参照)。

スチュワードシップであること*

PMBOK第7版に記述されている1つ目の原則が、**スチュワードシップ** (stewardship) です。スチュワードシップとは、皆さんが所属する会社内外のコンプライアンスを維持しながら、誠実さを保ち、メンバーやベンダーなど各ステークホルダーの面倒を見て、信頼されながらプロジェクト業務を進めるために、責任をもって行動することです。つまり、主にプロジェクトをマネジメントする立場の人に求められる原理原則です。

協働的なチームの環境を作る*

2つ目の原則は**チーム**です。皆さんもご存知の通り、プロジェクトは1人で進めることはできません。プロジェクトの目標を効果的かつ効率的に達成するためには、協働できるチームが必要です。

ステークホルダーと効果的に連携する*

3つ目の原則は**ステークホルダー**です。ステークホルダーのエンゲージメントの重要性はすでに説明しました（Section 06）。これは、プロジェクトを成功させるために、プロジェクトに関わる各ステークホルダーを特定し、関心事、スキル、意見を分析し、プロジェクトの最初から最後まで積極的に関わってもらうよう努めることが必要である、という原理原則です。

プロジェクトを進める上では、多様な人材を積極的に活用することも必要であり、そのためには、各ステークホルダーの背景や文化についても理解を示す必要があります。背景や文化について理解することで、各ステークホルダーの意見を分析しやすくなります。また多様な人材を活用することで、プロジェクトを進める上で必要な「別の視点」を得ることもできます。

価値に焦点を当てる*

4つ目の原則は**価値**です。プロジェクトを実行することで、最終的に何を与えることができ、また何を得ることができるのかという原理原則です。

価値を得るためには、プロジェクトの開始時にプロジェクトの目標を明確にすることが必要です。また、成果物を開発するチームは、単純に成果物を作ることに集中するのではなく、意図した成果が成果物から得られているのかを確認します。そのためには、チームは進捗を評価し、価値を確認する必要があります。

価値に焦点を当てる

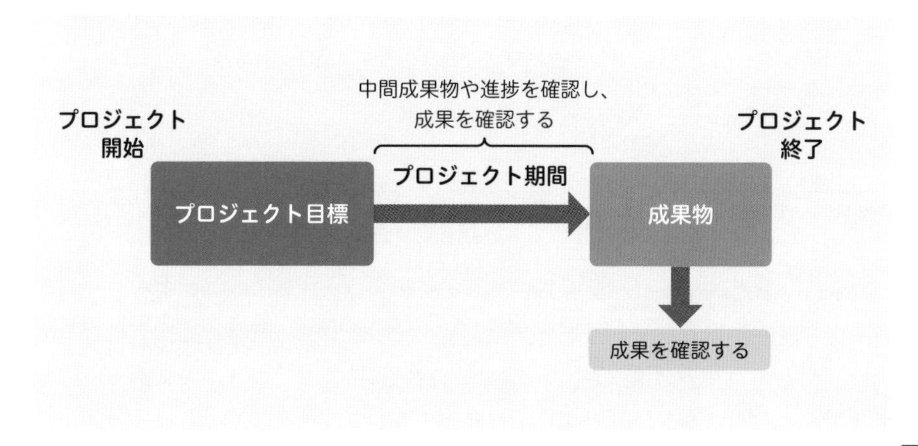

システムの相互作用を認識する*

5つ目の原則は**システム思考**です。ここで言うシステムとは、何か機械的なシステムを示すのではなく、変化し続けるプロジェクトそのものを示します。システム思考では、プロジェクトの中に存在する部分がどのように影響し合っているのか、プロジェクト全体の枠組みとして捉えることが必要です。

たとえば変更が発生した場合は、ベンダーに依頼している業務、自身が担当する業務など、プロジェクトのあらゆる部分が影響を受ける可能性があります。プロジェクトチームは、変化による影響に注意を払いながらプロジェクトを進める必要があります。

システム思考

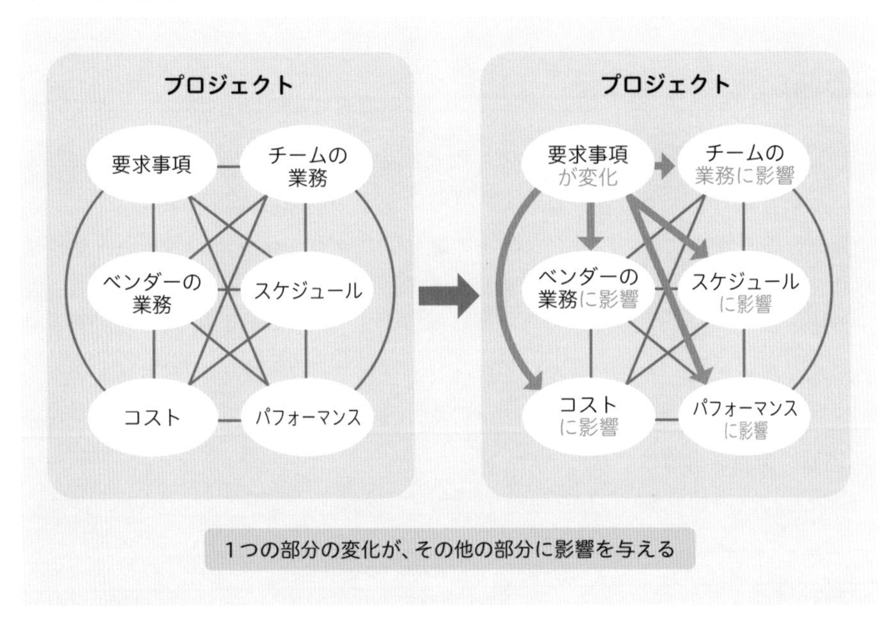

1つの部分の変化が、その他の部分に影響を与える

リーダーシップを示す*

6つ目の原則が**リーダーシップ**です。リーダーシップについてはすでに説明した通りですが、リーダーシップはプロジェクトマネジャーだけの特権ではありません。自身の仕事内容に関連するために、役割に関係なく、プロジェクトに関わる人であれば誰もがリーダーシップを発揮することができます。

状況に基づいたテーラリング*

7つ目の原則が**テーラリング**です。 テーラリング (tailoring) とは、洋服の仕立て直しと同じような意味合いで、プロジェクト目標、プロジェクト実施の環境・状況に応じて、プロジェクトの進め方を検討することを指します。

プロジェクトの進め方を検討する場合は、皆さんの知識や経験を含む過去情報を利用して、PMOなどのプロジェクト支援部門と相談しながら検討することが妥当だと言われています。また、テーラリングを適用することで行動や資源の無駄が減るとも言われています。つまり、過去に同じようなことをやっていたという理由だけで、新しい業務にもそのまま過去の方法を適用することは妥当ではない、ということを示しています。

テーラリング

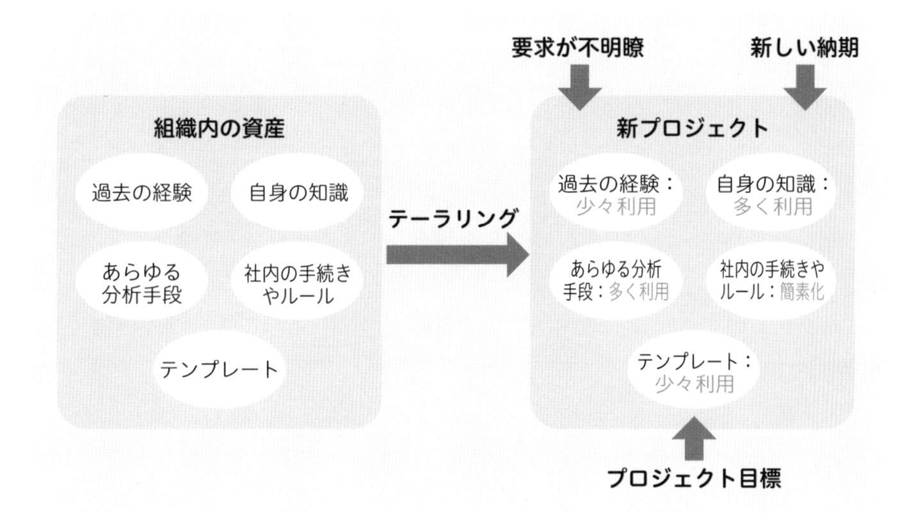

プロセスと成果物に品質を組み込む*

8つ目の原則が**品質**です。品質に関する詳細は後ほど説明をしますが、ここでの品質とは、プロジェクトにおいて開発された成果物が顧客の要望に見合っていることはもちろん、ステークホルダーの期待を満たすことも必要です。

そのため、ステークホルダーがプロジェクトのどの部分に期待しているのかという点は、プロジェクトチームは常に把握しておく必要があります。

複雑さに対処する*

9つ目の原則が**複雑さ**です。複雑さ（complexity）とは、人の振る舞いの影響や、プロジェクトに新しい開発方法を適用するといった場合に、プロジェクトの状況が複雑になることを示しています。プロジェクトチームは、その複雑さに対応することが必要です。

たとえば、顧客から納期だけが明確に提示されてソリューション開発の依頼があったものの、そもそも顧客がなぜそのソリューション開発を必要としているのか正確に理解していないとします。こうした状況は、複雑さを招く原因になります。

皆さんがこの状況に遭遇した場合、おそらく状況を打開するためにさまざまな分析をするでしょう。こうした対応が複雑さへの対処です。

リスク対応の最適化*

10番目の原則が**リスク**です。プロジェクトでは必ずリスクが発生します。よって、そのリスクについて適切に対処することは必要な原則です。リスクとは、プロジェクトに影響を与える発生が不確実な要因のことであり、プロジェクトに対して好影響を与える場合もあれば、悪影響を与える場合もあります（リスクに関しては後ほど詳しく説明します）。

リスクへ対処するには、事前に**リスク選好**（risk appetite）と**リスク閾値**（risk threshold）を確認します。

リスク選好とは、リスクに向かう姿勢のことを指します。プロジェクトを進めるには、ハイリスク・ハイリターン、もしくはローリスク・ローリターンのいずれかの姿勢でリスクに対峙することが必要です。「今回のプロジェクトはどうしても大きな失敗はできない」という前提であれば、自然とローリスク・ローリターンの方法をとることになるでしょう。

リスク閾値とは、リスクを受容するレベルを指します。仮にプロジェクト予算が潤沢でどのようなリスクでも受容できる状況であれば、リスク閾値は自然と上がるかもしれません。

適応力と回復力を持つこと*

11番目の原則が**適応力**と**回復力**です。

適応力とは、変化する状況に対応する能力です。プロジェクトでは新たな要求事項が発生したり、チームが変更になったりとさまざまな状況が発生し、その状況について適応する必要があります。適応力は、9つ目の原則である「複雑さに対処する」に似ている部分があります。

回復力とは、影響を緩和する能力と、挫折や失敗から迅速に回復する能力です。たとえば新しいアプローチをプロジェクトで適用した場合、そのアプローチが本当に成功できるのかという点は明確ではありません。仮に失敗した場合は、その失敗から学び得たことを利用して、さらに改善することが必要です。

将来の状態を達成するために変革する*

12番目の原則が**変革**です。この原則は、プロジェクトの要素である「変化」と同じです（➡Section 02）。

皆さんもご存知の通り、プロジェクトは組織に変革をもたらす場合があります。たとえば皆さんが担当するプロジェクトで、DX（デジタルトランスフォーメーション）によって社内でのやりとりをすべてデジタル化しようと考えたとしましょう。デジタル技術を利用してビジネスを活性化させることが目的ですが、社内にはデジタル化を拒む人たちも存在するはずです。

こうした場合、皆さんはデジタル化を拒む人たちの意見を聞きながら、抵抗している人たちを説得し、少しでもプロジェクトが成功する方向に進むよう働きかけをすると思います。こうした行動こそが、「将来の状態を達成するために変革する」に該当します。

注1.5）P.046～P.051までの＊の付いた見出し（12の原則）の出典元は次の通りです。

出典：『プロジェクトマネジメント知識体系ガイド（PMBOK®ガイド）第7版＋プロジェクトマネジメント標準』／Project Management Institute Inc.／2021年／P.23

Section 14 PRINCE2での7つの原則

英国のプロジェクトマネジメント理論であるPRINCE2の原則についても確認しましょう。PRINCE2は日本でも徐々に活用されているプロジェクトマネジメントの方法論であり、役割と責任が明確に定義されているといった特徴があります。

PRINCE2とは

Section 02でも紹介した**PRINCE2**（PRojects IN Controlled Environments, 2nd version）とは、英国商務局が開発したプロジェクトマネジメントの方法論です。PRINCE2は2012年に開催されたロンドンオリンピックで利用され、また国連のプロジェクトでも利用されています。

PRINCE2の特徴の1つとして、ユーザー、エグゼクティブ、サプライヤー、プロジェクトマネジャー、チームマネジャーなどの役割と、各役割の責任が明確に定義されているため、理論としてイメージしやすい構成になっています。

以下の図の通り、PRINCE2におけるプロジェクトマネジメントとは、「7つの原則に基づき、7つのテーマを利用して、7つのプロセスを進めること」とされています。

PRINCE2

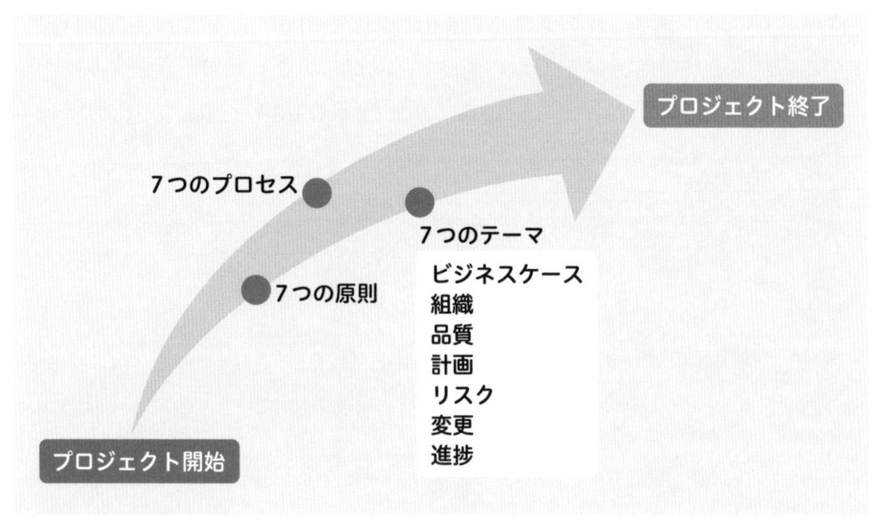

PRINCE2の7つの原則

「7つの原則に基づいて、7つのテーマを利用して、7つのプロセスを進める」ことがPRINCE2でのプロジェクトマネジメントですが、7つの原則について以下の表にまとめました。

PRINCE2の7つの原則

名称	内容
ビジネスの継続の正当性	正当性とは、大きな問題が発生することなく、プロジェクトがベネフィットを提供していることを指す
経験からの学習	チームは過去のプロジェクトで得られた教訓を得て、計画を立案するなどの行動をとっているという考え
定義された役割と責任	プロジェクトマネジャーやエグゼクティブなどの役割に与えられた責任を進めることが必要
段階によるマネジメント	段階とは工程のことで、工程に基づきプロジェクトはマネジメントされるという考え
例外によるマネジメント	各役割に応じて責任が与えられ、その責任に関連する許容度が与えられる。たとえば、あるプロジェクトマネジャーには100万程度までの予算権限が与えられているが、それ以上の事案についてはエスカレーションが必要といった状況を指す
成果物重視	顧客に提供する成果物の品質については、顧客の要求を満たすために適切にコントロールすることが必要という考え
環境に合わせたテーラリング	プロジェクトの環境に合わせて、自身の経験や手法などを適切に利用するという考え

PRINCE2では「段階によるマネジメント」や「例外によるマネジメント」という原則があるのが特徴的です。段階によるマネジメントという原則によってプロジェクトを工程で分解することができます。また、例外によるマネジメントという原則によってすべての意思決定を管理者に集中させることがなくなるため、プロジェクトが進めやすくなります。

Section 15 アジャイルでの12の原則

アジャイルでの12の原則は、2001年の「アジャイルソフトウェア開発宣言」での4つの価値に基づき考えられた原則です。1つの開発方法に特化した原則ではありますが、参考になると思います。

アジャイルソフトウェア開発宣言の4つの価値

アジャイルでの12の原則は、2001年にケント・ベックなどの17名のソフトウェア開発者が提唱した**アジャイルソフトウェア開発宣言**（https://agilemanifesto.org/iso/ja/manifesto.html）における4つの価値に基づき考えられたものと言われています。アジャイルソフトウエア開発宣言における4つの価値は以下の通りです（原文はP.008に掲載しています）。

1. プロセスやツールよりも個人と対話を
2. 包括的なドキュメントよりも動くソフトウェアを
3. 契約交渉よりも顧客との協調を
4. 計画に従うことよりも変化への対応を

1つ目の価値は「個人と対話を」です。プロジェクトは、テクニカルな方法を駆使するだけでは上手く進めることができません。個人と対話を重視することは必要です。

2つ目の価値である「動くソフトウェアを」という部分は、「提供する価値」と考えるのが良いでしょう。プロジェクトは、最終的に何ができたのかという点が重視されます。よって価値に着目することも必要なのです。

3つ目の価値である「顧客との協調を」ですが、プロジェクトを成功させるためには、顧客の協力は不可欠です。筆者の経験では、顧客の協力が得られないプロジェクトは失敗する可能性が高くなります。

最後に4つ目の価値である「変化への対応を」ですが、PMBOKガイドの原則にもあるように、プロジェクトを進める上では適応力が求められます。変化への柔軟な対応は、プロジェクトを進めるために必要なことです。

これらの4つの価値は、ソフトウェア開発に限らず、どのようなプロジェクトでも必要な価値ではないでしょうか。

アジャイルでの12の原則

アジャイルでの12の原則は以下の通りです。3つ目の原則はソフトウェア開発の要素が強いですが、その他の原則はどのプロジェクトにも適用できると思います。なお、12の原則の中で分かりづらい表現には、＊を付して説明を加えています。

アジャイルでの12の原則（https://agilemanifesto.org/iso/ja/principles.htmlより）

項目	内容
原則1	顧客満足を最優先し、価値のあるソフトウェアを早く継続的に提供します。
原則2	要求の変更はたとえ開発の後期であっても歓迎します。変化を味方につけることによって、お客様の競争力を引き上げます。
原則3	動くソフトウェアを、2-3週間から2-3ヶ月というできるだけ短い時間間隔でリリースします。　＊「動くソフトウェア」は「提供する価値」と考えるのが良い
原則4	ビジネス側の人と開発者は、プロジェクトを通して日々一緒に働かなければなりません。　＊「ビジネス側」とは、顧客の立場に近い営業と考えるのが妥当
原則5	意欲に満ちた人々を集めてプロジェクトを構成します。環境と支援を与え仕事が無事終わるまで彼らを信頼します。
原則6	情報を伝えるもっとも効率的で効果的な方法はフェイス・トゥ・フェイスで話をすることです。
原則7	動くソフトウェアこそが進捗の最も重要な尺度です。
原則8	アジャイル・プロセスは持続可能な開発を促進します。一定のペースを継続的に維持できるようにしなければなりません。　＊「一定のペースを継続的に維持」により、チームの疲弊を防ぐと考えられる
原則9	技術的卓越性と優れた設計に対する不断の注意が機敏さを高めます。 ＊「不断の注意が機敏さを高める」とは、常に学習することで機敏に対応できるという意味
原則10	シンプルさ（ムダなく作れる量を最大限にすること）が本質です。　＊「シンプルさ」には無駄なことしないという意味も含む
原則11	最良のアーキテクチャ・要求・設計は、自己組織的なチームから生み出されます。　＊「自己組織的」とは、どの作業をするのかを自ら決め、課題についても自ら対処すること
原則12	チームがもっと効率を高めることができるかを定期的に振り返り、それに基づいて自分たちのやり方を最適に調整します。

Section 16 ITILの従うべき7つの原則

1980年代に英国政府の要請で必要とされた「ITIL」の原則についても確認します。名称から推察するとITのみで利用される考え方のような印象を受けますが、決してそのようなことはありません。

ITILとは

ITIL（アイティィル）は、Information Technology Infrastructure Libraryの略称であり、顧客のニーズに合うITサービスを提供するマネジメント活動のことです。1980年代に英国政府のCCTA（中央コンピュータ電気通信局）においてガイドラインを基にしたITサービスの利用と提供が求められるようになり、その結果、公表された方法論です。

ITILは2019年にバージョン4がリリースされ、「従うべき7つの原則をもとに、34のプラクティスを利用しながら、サービスバリューチェーンを通じて顧客に価値を提供すること」とされています。プラクティスとは、業務を進めるために必要なアクションのことで、ITILでは34のプラクティスを、一般的マネジメント・サービスマネジメント・技術的マネジメントの3つに分類しています。またサービスバリューチェーンとは、ITを利用したサービスを顧客に提供する一連のフローのことです。

ITILでは、開発部門と顧客の立場も明確に定義しています。

筆者も経験がありますが、成果物を開発する開発部門では、営業や顧客の要求に応えるため、ITサービスを「提供する存在」としてのみ考える傾向があります。しかしながらITILでは、「顧客と協働して、顧客と一緒にITサービスを作り上げる」という考え方も定義しています。これを**価値の共創**と言いますが、今後多くの企業では、ITILで定義しているITサービスに限らず、価値の共創が重要になると思われます。

なお、ITILもアジャイルと同じようにIT系という要素を強く感じる方がいるかと思いますが、原則を含むITILの考え方は、どのようなプロジェクトでも利用できます。以降で、ITILの従うべき7つの原則を確認します。

ITILの従うべき7つの原則

以下がITILの従うべき7つの原則です。どの原則も重要ですが、「協働し、可視性を高める」「包括的に考え、取り組む」は、開発を進める場合には多くのステークホルダーの協力が必要があるという考え方であり、「現状からはじめる」「シンプルにし、実践的にする」「最適化し、自動化する」は、開発をシンプルに無駄なく進める考え方に基づいています。

ITILの従うべき7つの原則

名称	内容
価値に着目する	組織が実施するすべての活動が、組織、その顧客、およびその他のステークホルダーにとっての価値に、直接的または間接的に関連する必要がある
現状からはじめる	改善の取り組みに関わる時には、すでに存在している利用可能なものから検討する
フィードバックをもとに反復して進化する	作業を小さく扱いやすいアクションに分割し、実行と完了をタイミングよく実施し、顧客などからフィードバックを得ることで、顧客ニーズに迅速な対応ができ、適切なアクションがとりやすくなる
協働し、可視性を高める	境界を越えて協力することで、より大きな賛同が得られ、達成目標への関連性が高まり、長期的な成功の可能性が高まる
包括的に考え、取り組む	顧客に価値を提供するには、情報、技術、組織、人材、プラクティスなどを効率的に、効果的に管理して、統合する必要がある
シンプルにし、実践的にする	価値をもたらさない、あるいは有用な成果を生み出さないプロセス、サービス、アクション、測定基準は不要。必要なアクションを最小限にとどめながら成果ベースの思考が必要になる
最適化し、自動化する	本当に無駄なものをすべて排除して、技術(自動化)で解決できることは技術を利用する

Section 17 プロジェクトの原則とマネジメントの注意点

ここでは、「プロジェクトの原則」として、今まで紹介した理論の共通項目を特定してまとめました。また、本章で紹介してきた「プロジェクトマネジメントの基本」についてもポイントをまとめました。

プロジェクトの原則

4つの理論における原則を確認しましたが、共通しているのは以下の4点です。

1. ステークホルダーの協力を得る
2. 要求の変化に柔軟に対応する
3. 成果物そのものよりも成果物により得られる価値を重視する
4. 状況に合わせて、無駄なくシンプルに実行する

「ステークホルダーの協力を得る」は、PMBOK第7版の「協力的なチームの環境を作る」「ステークホルダーと効果的に連携する」、PRINCE2の「定義された役割と責任」、アジャイルであれば主に4つ目と5つ目の原則、ITILでは「協働し、可視性を高める」が関連します。

「要求の変化に柔軟に対応する」は、PMBOK第7版の「複雑さに対処する」「適応力と回復力をもつこと」、PRINCE2では明確に各役割の権限を定義している点から「例外によるマネジメント」、アジャイルであれば主に2つ目の原則、ITILでは「フィードバックをもとに反復して進化する」が関連します。

「成果物そのものよりも成果物により得られる価値を重視する」は、PMBOK第7版の「価値に焦点をあてる」「プロセスと成果物に品質に組み込む」、PRINCE2の「ビジネスの継続の正当性」「成果物重視」、アジャイルであれば主に1つ目の原則、ITILでは「価値に着目する」が関連します。

「状況に合わせて、無駄なくシンプルに実行する」は、PMBOK第7版の「状況にもとづいたテーラリング」、PRINCE2の「環境に合わせたテーラリング」、アジャイルであれば主に10番目の原則、ITILでは「シンプルにし、実践的にする」「最適化し、自動化する」が関連します。

上記4つの共通項目は、どれもプロジェクトにおいて必要な要素です。皆さんも自身の業務を振り返ってみましょう。

プロジェクトマネジメントで注意すべき項目とポイント

本章では、プロジェクトマネジメントの基本として、多くの内容を説明しました。章の最後に、基本の中で注意すべき点を表にまとめました。今までの振り返りをしながら確認してください。

プロジェクトマネジメントで注意すべき項目とポイント

項目	内容
前提条件と制約条件	プロジェクトを進めるには、制約条件(何をいつまでいくらで開発するのか)と前提条件(プロジェクトを進めるために必要な条件)は確認する。前提条件と制約条件が不明確だとプロジェクトは失敗する。制約条件は開発方法により重視すべき要素が変わる
ステークホルダー	プロジェクトの成功に大きな影響を与えるのはステークホルダー。プロジェクトを進める上では、各ステークホルダーが持っている能力(人間関係のスキル)とエンゲージメントは重要な要素
プロジェクト内部と外部の環境	プロジェクトを進めるためには、外部の環境要因を確認することが必要。外部環境要因はPESTELで考える。PESTELの要因次第でプロジェクトは実施できなくなる。内部環境要因で重要なのは組織構造・組織文化・人。組織構造次第でプロジェクトマネジャーの権限は変わる。機能型組織なのにプロジェクトマネジャーの権限が大きくなることはない
組織への理解	プロジェクトを進めるには、組織への理解は必要。目的・貢献意欲・コミュニケーションという3要素で組織は構成されている。コミュニケーションを上手に利用して目的を伝え、コミュニケーションを利用することで人の貢献意欲を引き出す
リーダーシップ	プロジェクト業務を率先するスキル。リーダーシップは担当する仕事に関連し、役割に帰属するものではない。リーダーシップを発揮し、権威を維持するためには相手を配慮したコミュニケーションが必要

Column 1

プログラムマネジメントとプロジェクトに関する資格試験

プロジェクト単体では大きな成果を得られない場合、いくつかのプロジェクトをまとめ、集合体としてマネジメントをする場合があります。そのような集合体を**プログラム**と言います。たとえば「業務改善プログラム」の中に、「人事改善プロジェクト」「企画部門改善プロジェクト」「営業部門改善プロジェクト」などといったさまざまなプロジェクトが存在しているケースです。こうしたケースでは、各プロジェクトにプロジェクトマネジャーの役割を置くことに加え、全体をマネジメントする立場である**プログラムマネジャー**という役割を置く場合があります。

プログラムマネジャーは、各プロジェクトが問題なく進んでいるのかの確認や、各プロジェクトを問題なく進めるために必要な資源の供給といったマネジメントを行います。プログラムマネジャーはプロジェクトマネジャーよりも広い範囲をマネジメントする必要があるため、組織全体の効率を常に考えることが求められます。

プログラムマネジメントの資格試験としては、米国PMI（https://www.pmi.org/）が実施している「PgMP（Program Management Professional）」や、Peoplecert社（https://peoplecert.jp/）が実施している「MSP（Managing Successful Programmes）」があります。

もちろん、プロジェクトマネジャーに関する資格試験もあります。受験者数が多いのは、PMIが実施している「PMP（project mangement professional）試験」や、1年に一度、情報処理推進機構（IPA）が実施している「プロジェクトマネージャ試験」などです。その他にも「Project+試験（CompTIA社）」、「PRINCE2試験（Peoplecert社）」、PMS（project mangement specialist／日本プロジェクトマネジメント協会）などがあります。

各試験にはそれぞれ特徴があります。自身のキャリアを高めるために受験を検討する場合は、現時点での自身の状況を考慮し、各試験の詳細を調べた上で対策を考えることが必要です。

第2章

プロジェクトの立ち上げ

Section 18 プロジェクトの目的は誰が設定するのか

プロジェクトの目的は誰が設定するのが望ましいのでしょうか。ここでは、かつて筆者が経験した出来事をもとに考えていきましょう。

「プロジェクトの目的」を考えなさい

以下も、筆者がかつて勤めていた会社で担当していたプロジェクトに関する出来事です。

そのプロジェクトは、1つの事業部に含まれるいくつかの部門からメンバーがアサインされ、業務に関わるコストを削減し、事業部の業務効率を改善させるというものでした。組織構造は「バランスマトリックス型組織」であり、プロジェクトには多くのメンバーが参加していたのですが、筆者はプロジェクトマネジャーとしてアサインされました。おそらく当時の上司は、筆者の各部門間の調整力に期待したのだと思います。

上司は筆者に対して、詳細な業務指示をしない一方、プロジェクトで求めていることについては明確にしていました。しかしながら、社長の一声で大きく状況が変化する会社だったこともあり、当初の目的は徐々に変化していきました。筆者は何となくその状況を理解していたものの、日々の業務に追われ、また「上司があらためてプロジェクトの目的を明確にするだろう」と考えていたため、状況の変化を傍観するだけでした。

痺れを切らした様子の上司は、「あなたがこのプロジェクトの目的を考えなさい」と筆者に伝えました。しかしながら、当時の筆者は、そもそもプロジェクトの目的を考えて明確にするのは、自分の役割ではないと考えていました。なぜならプロジェクトの初期段階では、上司自身が「プロジェクトの目的」を明確にしていたためです。

今にして思えば、筆者のこの考えは妥当なものではありませんね。そして皆さんもご想像の通り、このプロジェクトはあまり良い結果をもたらしませんでした。

プロジェクトの目的は誰が設定するのか

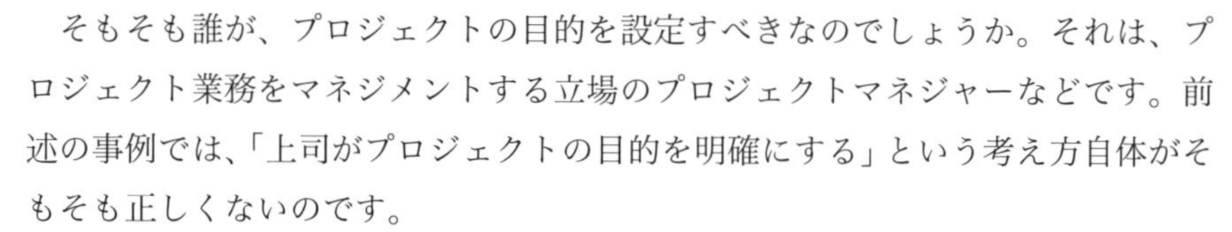

そもそも誰が、プロジェクトの目的を設定すべきなのでしょうか。それは、プロジェクト業務をマネジメントする立場のプロジェクトマネジャーなどです。前述の事例では、「上司がプロジェクトの目的を明確にする」という考え方自体がそもそも正しくないのです。

皆さんもご存知の通り、プロジェクトを取り巻く環境は大きく変化することがあり、結果としてプロジェクトを中断しなければならないこともあります。今回の例であれば、状況の変化によってプロジェクト初期に上司が明確にした目的がどのように変化するのかを筆者（プロジェクトマネジャー）が分析し、結果を上司に伝える必要がありました。

これまでの筆者の経験を振り返ると、上司や顧客がプロジェクトの「目的」を明確にしてくれることはほぼありません。上司や顧客の「要望」を具体的に考え、プロジェクトの目的としてメンバーに伝えるのは、プロジェクト業務をマネジメントする人が行います。

プロジェクトの目的設定

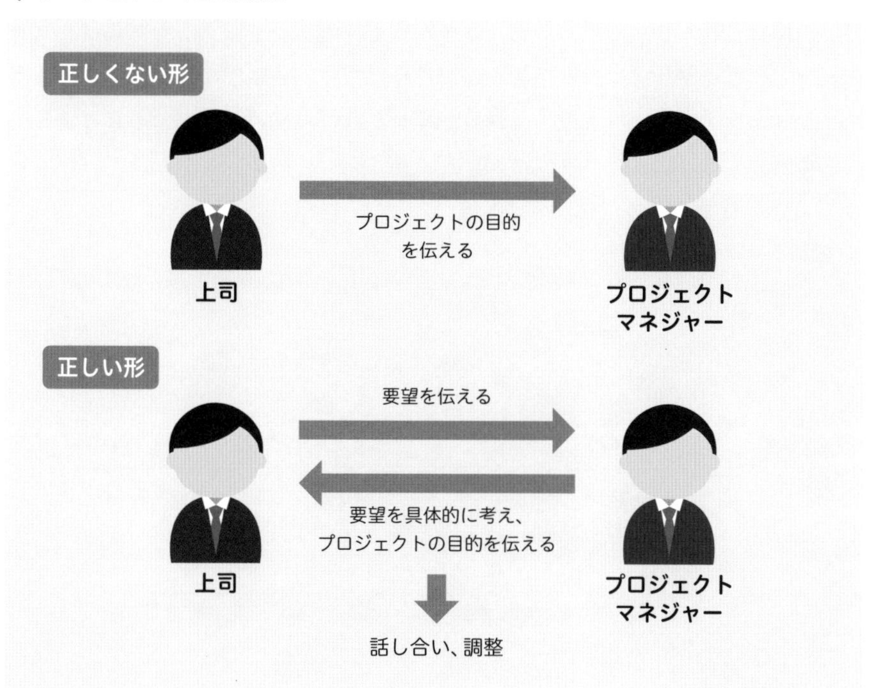

Section 19 プロジェクトの目的・目標の設定

プロジェクトの目的や目標を設定することは、プロジェクトを進めるための最初のステップです。では、目的や目標を考える場合にはどのような要素があるのでしょうか。ここでは、よく利用される考え方を紹介します。

目標の決め方：KGIとKPI

目標には**KGI**（Key Goal Indicator：重要目標達成指標）と**KPI**（Key Performance Indicator：重要業績評価指標）があります。

KGIとは、各部門に課せられる年度目標などが該当します。簡単に言えば、達成すべき大きな目標です。一方のKPIはKGIよりも規模が小さく、KGI達成までの各プロセスの達成度を測る、KGIの中間指標となる目標のことです。プロジェクトの目標を設定する場合は、何をKGIにし、何をKPIにするのかを正確に検討する必要があります。

たとえば各部門の目標をKGIにするのであれば、各部門に含まれるプロジェクトの目標はKPIとなります。また社運をかけた一大プロジェクトであれば、プロジェクトの目標がKGIになる可能性が高くなります。各工程での作業進捗をもとにプロジェクトの達成度を測り、適宜調整をしながら進める構造であれば、各工程での到達度をKPIに基づき確認します。

KGIとKPIの関係

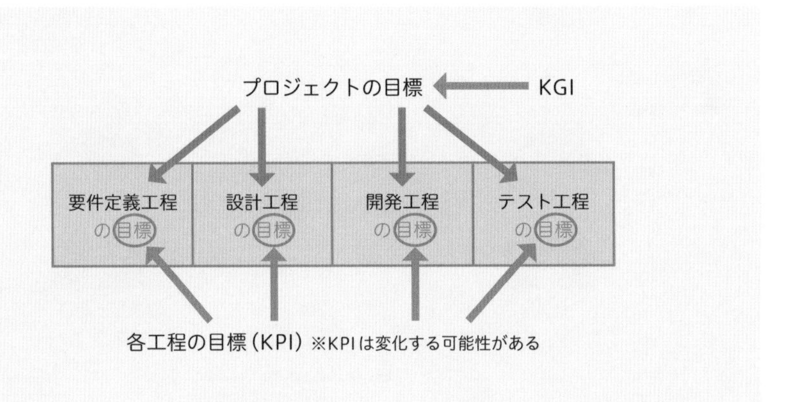

KGIとKPIについて注意すべきことは、主に以下の2点です。

1. 基本的に、KGIを設定しなければKPIは設定できない
2. KGIは変化しないが、KPIは変化する可能性がある

SMART基準

KGI、KPIともに、基本的には**SMART基準**に沿って考えられている必要があります。SMART基準とは、次の表にある項目それぞれの頭文字をとったものです。

SMART基準の詳細

項目	内容
Specific：具体的／分かりやすい	目標は一般化されていないのが望ましい。一般化しすぎると目標を見失う可能性がある
Measurable：計測可能／数字になっている	目標が達成できたかどうか、誰でも分かるように数値化されている必要がある
Achievable：達成可能	目標は妥当で現実的であることが望ましい。あまりに現実的でない目標は、メンバーのやる気を減退させる可能性がある
Relevant：関連性／何のために目標を達成するのか	何のためにやる必要があるのか、その目標の背景を理解する必要がある
Time-bound：期限が明確	いつまでに達成するのか、目標を設定する場合は期限を明確にする必要がある

上司や顧客が一方的にプロジェクトの目標を設定するケースでは、SMART基準のうちのいずれか、もしくは複数の基準が欠如している可能性があります。仮に上司や顧客の要望が明確である場合は本当にSMART基準に沿っているのかどうかを確認すべきでしょう。

目標や目的を設定する上では、やはり話し合いが必要です。話し合いをすることで、目標や目的を設定しやすくなるだけでなく、ステークホルダーのエンゲージメント（➡Section 06）を高めることも可能になります。

Section 20 プロジェクトで得られる成果

プロジェクトで得られる成果は3つあると言われています。ここでは、その3つの成果である「出力」「結果・成果」「利益・不利益」の関係について解説するとともに、それぞれの詳細について紹介します。

プロジェクトで得られる3つの成果

SMART基準など、プロジェクトの目標を設定するための方法はすでに説明しました（➡Section 19）。それでは、プロジェクトではどのようなものが目標となるのでしょうか。プロジェクトからもたらされる成果は次の3つです。

出力：output

出力とは、チームが開発するサービスを含む成果物です。工程の終了時、またはプロジェクトの終了時に特定することができます。

結果・成果：outcome

結果・成果とは、プロジェクトの出力を利用することから派生した変化のことです。たとえばチームが開発したシステムによって、より複雑な作業を正確に処理することができるようになった、などの事象が結果・成果です。これは、工程終了時やプロジェクト終了後に成果物をテストすることにより、ある程度特定することが可能です。

利益・不利益：benefit/disbenefit

利益（ベネフィット）とは、出力を利用することで最終的に得られた「測定可能な利益」のことです。たとえばシステムによってより複雑な作業を正確に処理することができ、年間40％のコストを削減できた、などの事象が利益です。原則、利益はプロジェクトが終了した後で特定されるケースが大半です。

一方の**不利益**は、1名以上のステークホルダーにマイナスとして感じ取られている事象のことです。たとえばシステムによってより複雑な作業を正確に処理することができたものの、ある別の部門の業務が増大してしまった、などの事象が不利益です。

もちろん、このような不利益が発生しないよう、プロジェクト開始時に目標を設定します。しかしながら、環境の変化によってしばしば不利益が発生します。なお、不利益が次の新しいプロジェクトを発足させるきっかけとなるケースもあります。

3つの成果の関係と注意点

出力、結果・成果、利益・不利益の、3つの成果の関係について確認します。下図は、3つの成果の関係を図示したものです。

出力、結果・成果、利益・不利益の関係

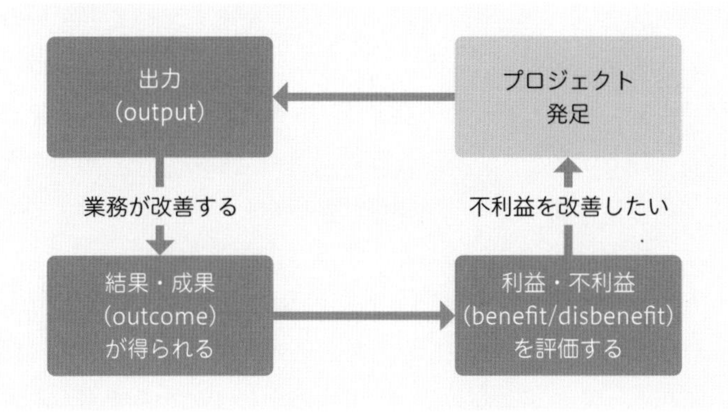

ここで重要なことは、SMART基準に基づき、「プロジェクトでの出力、結果・成果、利益は何か？」「各工程での出力、結果・成果、利益は何か」をプロジェクト開始時に特定しておくことです。とくに、プロジェクトでの出力、結果・成果、利益は明確にしているものの、各工程での出力、結果・成果、利益を明確にしていないケースがよくあります。

もう1つ重要なことは、「誰が」「いつ」出力、結果・成果、利益・不利益を評価するのか、プロジェクト開始時に特定しておくことです。評価者や評価する時期が曖昧だと、誰の責任の下でプロジェクトを進めているのかが不明確になり、適切にプロジェクトを進められなくなります。たとえば、プロジェクト終了後の利益の評価者を決めていないケースでは、次のプロジェクトのきっかけとなる不利益を見落としてしまい、結果的に次のアクションが遅くなってしまうことがあり得ます。

Section 21

プロジェクトの収益計算

プロジェクトを開始する際には、「どの程度の利益を得ることができるのか」、つまり収益を確認することも必要です。ここでは、プロジェクトの収益計算で利用できる3つの要素を紹介します。

粗利

皆さんも顧客などの依頼に基づき、見積もりを考えると思います。また今まで開発のみに携わっていて、見積もりを考えたことがない方は、顧客と折衝している営業部門の依頼に基づき、開発費（開発原価）を考えていると思います。その時に考えているのが**粗利**です。

粗利とは売上総利益とも言われ、顧客から得られる売上から開発費（開発原価）を差し引いた金額のことです。皆さんがこれまで見積もりを考えたことがない場合、おそらく顧客と折衝している営業部門が粗利を考えているはずです。たいていの場合、この粗利に基づき見積もりを作成します。

粗利に関して重要なポイントは、「いかに開発費（開発原価）をコントロールできるのか」という点です。プロジェクトを進める中ではさまざまな問題事象が発生します。結果として予定よりも多くの開発費が必要になる場合もあるため、開発費はなるべく予備費を含めて考える必要があります。

また、営業部門が開発部門の作業を考慮せず、顧客の要望を叶えたいという単純な理由のみで見積もりを作成する可能性もあります。結果として、十分な開発費を確保しづらくなる可能性が高まるため、営業部門には定期的に開発部門の状況を伝えておくことが必要です。

粗利

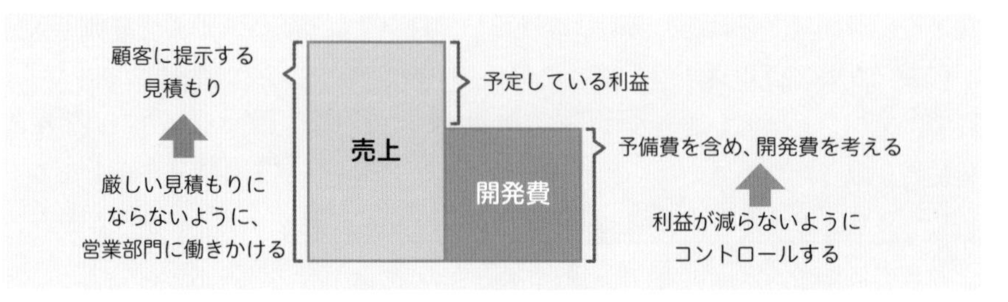

正味現在価値：NPV

NPV (Net Present Value) は**正味現在価値**のことであり、予定される利益のことです。正味現在価値は開発規模の大きいプロジェクトでよく利用される、収益性を確認するための指標です。

たとえば期間が10年のプロジェクトがあるとします。成果物を顧客に提供するプロジェクト終了時（10年後）に顧客から売上を得る場合、その売上を**現在価値**で考えます。現在価値は、10年後に得られる金額と現在の金額の価値が違うことを示します。その理由は利率が加わるためです。たとえば10年後の1億円の売上を、現在の金利（仮に1年で1%とします）を加えて現在価値で考えると9,052万円になります。計算方法は以下の通りです。つまり現在の9,052万円は、金利を1%で考えると10年後には1億円になることを示しています。

1億円 ÷ $(1 + 0.01)^{10}$ ≒ 9,052万円

また正味現在価値は、現在価値から開発費を差し引いて算出します。たとえば先ほどの例で開発費が1,000万円だとすると、正味現在価値は8,052万円となります。正味現在価値のイメージを下図に示します。

なお、金利を考える場合は、銀行からの借り入れの利率以外にも、企業が利益を得た場合の株主への還元率を含めて考えるケースが多いです。

正味現在価値

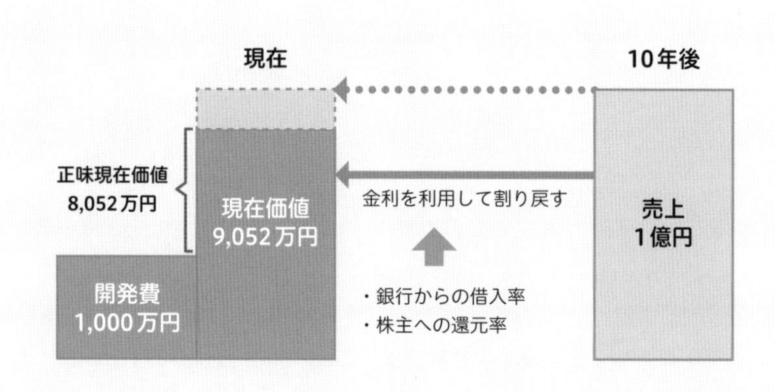

内部収益率：IRR

IRR（Internal Rate of Return）は**内部収益率**のことです。内部収益率も正味現在価値と同様、開発規模の大きいプロジェクトではよく利用される、収益性を確認するための指標です。正味現在価値は、将来得られるであろう売上を現在価値で考え、開発費を差し引いた金額でした。その金額を割合で算出したものが内部収益率です。

企業ファイナンスの解説書では、よく「内部収益率はすべてのキャッシュフローの正味現在価値をゼロにする金利」と言われています。簡単に言えば、売上から考えられた現在価値と開発費用を同額にする割合のことです。内部収益率のイメージを下図に示します。

内部収益率

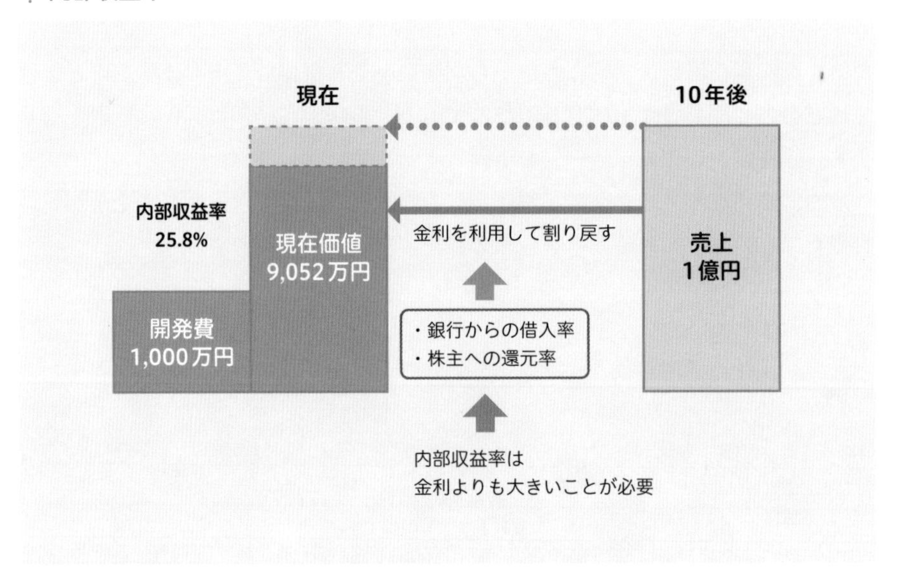

つまり内部収益率は、儲けを金額ではなく割合で示しており、数値が大きければ大きいほど多くの儲けを得る可能性があることを示します。

また内部収益率は、正味現在価値を算出する時に利用した（銀行から借入率や株主への還元率をもとに考えた）金利よりも大きくなければならないとされています。この金利よりも小さい場合、仮に儲けを得たとしても、銀行への返済と株主への還元だけで終わってしまうためです。

正味現在価値と内部収益率のどちらが信頼できるか

ここまで、収益性を確認するいくつかの指標を説明しました。では、正味現在価値と内部収益率のどちらが信頼できる指標なのでしょうか。まずは以下の例で内部収益率を確認しましょう。

内部収益率の比較

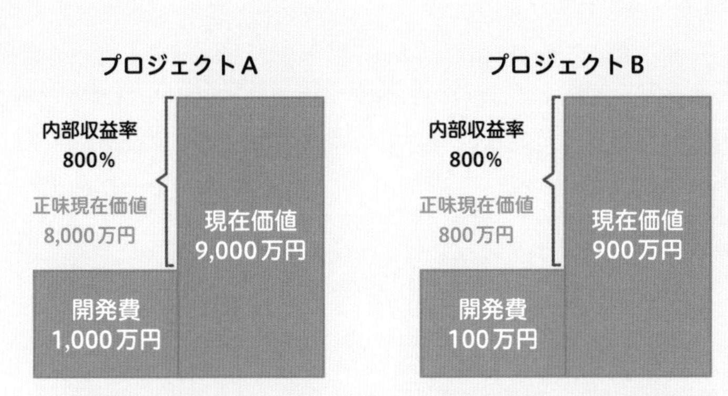

上図から分かる通り、プロジェクトAとプロジェクトBの内部収益率はどちらも同じです。しかしながら正味現在価値を見ると、プロジェクトAはプロジェクトBの10倍です。内部収益率は割合のみの指標であり、それ単体では正味現在価値に比べあまり参考になる指標にはなりません。両方の指標を利用することで、より高い精度で収益性を確認できると思います。

なお、両指標ともに開発費が重要なポイントになります。プロジェクトを進めていく過程においては、粗利の場合と同様、いかに開発費をコントロールするかが重要になります。両指標はプロジェクトの開始時のみ確認するのではなく、プロジェクトの進捗に基づく開発費をもとに、各工程の最後などで定期的に確認する必要があります。

Section 22 目標の定期的な確認

プロジェクトにおいては、定期的に目標を確認する必要があることはすでに述べました。こうした定期的な確認を行う上では、ビジネスケースやベネフィットマネジメント計画書をあらかじめ設定しておく必要があります。

ビジネスケース

ビジネスケースとは、プロジェクトの実現可能性について、「そもそもプロジェクトに対して投資を行う必要があるのか」という点を検証するための評価指標となる文書です。ビジネスケースとは、SMART基準に沿っている3つの成果（Section 20）だと考えるのが良いでしょう。計画通りに成果が得られていない場合、プロジェクトの実現可能性が低くなり、これ以上投資をし続けることが難しくなるケースがあります。

ビジネスケースを評価するタイミングには、次の3つがあると言われています。

- **プロジェクトの開始時**
- **各工程の最後（フェーズゲート）**
- **プロジェクトの外部環境が変化した時**

上記3つのタイミングはどれも重要ですが、中でも重要なのは**フェーズゲート**です。工程やフェーズと聞くと、要件定義工程、設計工程、開発工程などをイメージする方が多いと思います。これらの工程やフェーズは、プロジェクトによっては数ヶ月程度の期間が必要となり、実現可能性の確認が遅れてしまう可能性があります。

そのため、要件定義工程、設計工程、開発工程の中に、いくつかのマネジメント工程を設定しておくのが望ましいでしょう。細かく分けることにより、顧客の要求変化などに柔軟に対応することが可能になります。

もちろん、プロジェクトの開始時にも収益性を確認します。もし開始時に収益性がないという試算がされた場合は、プロジェクトを実施すべきか検討することになるでしょう。さらに、プロジェクトを取り巻く外部環境（経済、社会、政治など）の変化により、最初に試算した収益性が危うくなるおそれもあります。その場合、プロジェクトを中断することも検討します。

ベネフィットマネジメント計画書

先ほど解説したビジネスケースの評価タイミングを図示すると、下図のようになります。

ビジネスケースを評価するタイミング

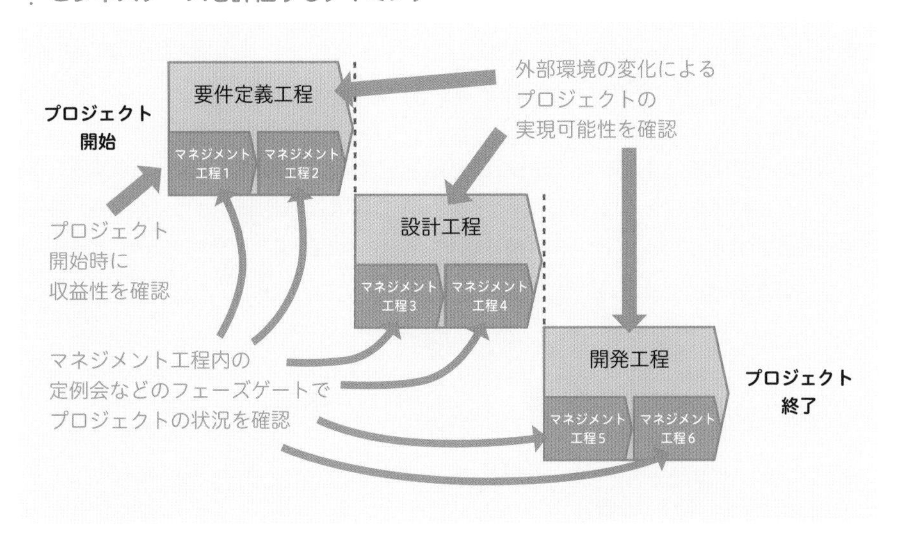

プロジェクトでは、ビジネスケースを評価するタイミングなどを事前に計画立てておく必要があるとされています(会社によっては、社内ルールで決まっていることもあります)。その場合に必要な文書が**ベネフィットマネジメント計画書**です。

ベネフィットマネジメント計画書には、期待される利益(ベネフィット)が何か、プロジェクトで作成した成果物によって発生する利益を測定する時期、またその利益を評価する方法を記載します。ビジネスケースは原則として、こうしたルールに基づき評価されているのです。

ここまで、プロジェクトの目標に関係するポイントを説明してきました。皆さんもご自身の業務を振り返り、どのように目標設定をしているのかを思い返してみましょう。なお、こうしたプロジェクトの目標は、**プロジェクト憲章**(project charter)や**プロジェクト要約書**(project brief)といったプロジェクト開始時に作成される文書に記述すると言われています。これから新たにプロジェクトを進める方は覚えておくと良いでしょう。

Section 23 ステークホルダーの特定

前セクションでは、プロジェクトの立ち上げ時に必要なことの1つとして、プロジェクトの目標を明確にすることを解説しました。他にも、プロジェクトにどのような人が関わるのかを特定することも重要です。ステークホルダーの分析と特定について解説します。

ステークホルダーを分析・特定する

ステークホルダーとは、プロジェクトにおける意思決定、アクティビティ、または成果に影響を与える／影響を受ける、あるいは自ら影響を受けると感じる個人やグループのことを示します（➡Section 06）。Section 06では、ステークホルダーの人間関係のスキル（そもそも人に備わっている個人の特性）とエンゲージメント（やる気）が重要であると解説しました。

ステークホルダーは、プロジェクト立ち上げ時に分析・特定する必要があります。筆者が経験したプロジェクトや、別のプロジェクトマネジャーが担当したプロジェクトにおいても、方法はさまざまですがたいてい実施しています。

たとえば皆さんのプロジェクトにおいても、立ち上げ時にメンバーをアサインすると思います。その際、とくに何も考えずにメンバーをアサインするわけではなく、過去の実績や経験をもとにアサインするでしょう。また、顧客に関して言えば、その顧客とのこれまでのやり取りなどから特性を確認するケースがあると思います。これらは、ステークホルダーの分析・特定の具体例です。

分析や特定をしなければ、顧客がプロジェクトに対して求めていることを明確にしづらくなります。またメンバーに対しては、適切なタスクを割り当てることができなくなります。ステークホルダーの分析・特定は、プロジェクトの立ち上げ時にとても重要なアクションです。

プロジェクト立ち上げ時の実施順序

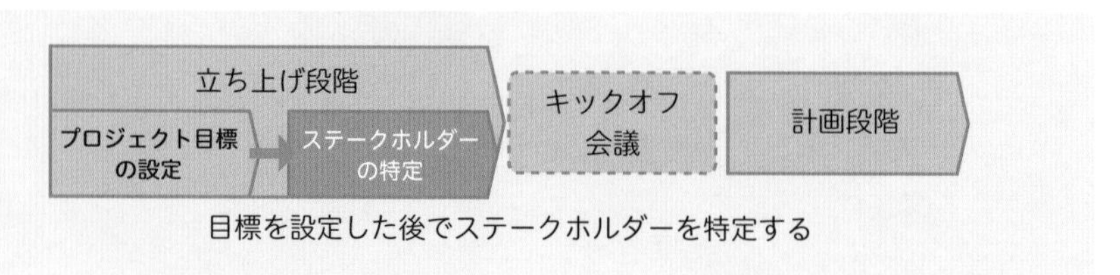

目標を設定した後でステークホルダーを特定する

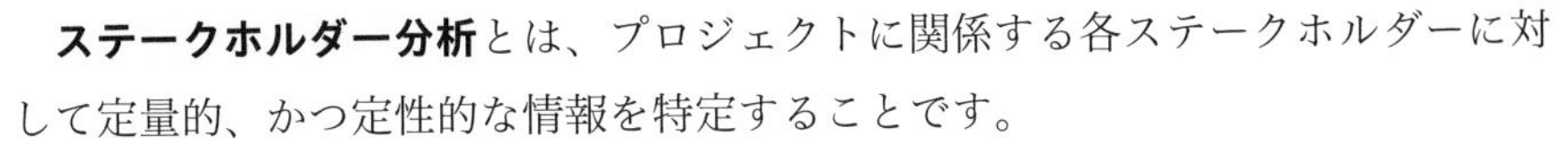

ステークホルダー分析で注意すべきこと

ステークホルダー分析とは、プロジェクトに関係する各ステークホルダーに対して定量的、かつ定性的な情報を特定することです。

筆者のこれまでの経験では、ステークホルダー分析における最も重視すべき分析対象項目は、現時点でのエンゲージメント（やる気）です（Section 06）。より具体的には、プロジェクトの立ち上げ段階において「各ステークホルダーがプロジェクトにどのように関わりたいと考えているのか」です。

たとえば、ある顧客が「資金を提供しているのだから、何でもやってもらえるだろう」と考え、自身はプロジェクトに対して協力しないケースがあるかもしれません。ある上司が、何かとプロジェクト業務に口を出すものの、開発現場をあまり理解しておらず現場を混乱させているケースもあるでしょう。

前者の場合、現時点でのエンゲージメントは低く、プロジェクト期間中はエンゲージメントを高める対応が必要になります。一方で後者の場合は、現時点でのエンゲージメントが高すぎるため、プロジェクト期間中はエンゲージメントを低くするように対応することが必要です。

このように、現時点でのエンゲージメントが特定できていなければ、今後各ステークホルダーに対してどのように対応すべきか計画を立てることが難しくなります。エンゲージメントに合わない対応が、プロジェクト期間中にさまざまな問題を引き起こすきっかけとなる場合もあります。

ステークホルダー分析で注意すべきこと

Section 24 ステークホルダー分析のポイント

ステークホルダー分析において注意すべき点がエンゲージメントであることは、前のセクションですでに説明しました。引き続き詳しく見ていきましょう。ここで解説するポイントは、おそらく皆さんの実務で利用できるはずです。

ネットワーキングとリサーチ力

プロジェクトを進める上では、「そもそも誰にどのような権限が与えられているのか」「その人物は信頼に値するのか」を考える必要があります。この点を見誤ると、プロジェクトを進めることが難しくなります。

ここで、筆者の知り合いのプロジェクトマネジャーが体験した出来事を紹介します。

そのプロジェクトマネジャーはもともと開発分野の出身で、ジョブローテーションによって1年ほど営業に携わった頃に、大きなプロジェクトを担当することになりました。このプロジェクトは関係するステークホルダーも非常に多く、顧客や自身が今まで所属していた開発部門はもちろんのこと、ベンダーや同グループ内の協力企業も関わっていました。

プロジェクトマネジャーは、「各ステークホルダーの権限」をまずポイントとして考えました。権限は、役職によって得られるものもありますが、これまでの実績から得られるものもあり、重視したのは役職よりも実績でした。そして、各人の過去の業務経験から、上司や関連する人たちを含め周囲にどのような影響力を持っているのかという情報を、過去にその顧客と取引をしている他部門の人にリサーチしたのです。その人の好み、考え方など細かい情報も得て、顧客内のキーパーソンを特定していきました。

このことにより、該当のプロジェクトでは確実にキーパーソンを押さえることができたため、仕様変更などのさまざまなリスクなどを事前に特定することができ、結果として大きな問題が起きることもなくこのプロジェクトは終了しました。

プロジェクト立ち上げ時にステークホルダーを特定する必要があることは述べましたが、このプロジェクトマネジャーのような自身のネットワーキング、ステークホルダーに対する事前のリサーチ力は、プロジェクトを進める上で欠かすことはできないと思います。

信頼と信用

次に、筆者が親しくしているある経営者の考え方を紹介します。

いくつもの企業を経営している大変能力が高い方で、以前、人材について話をする機会がありました。この方は、**信頼と信用**の2軸で人材を評価しているとのことでした。この考え方は、プロジェクトマネジメントにおける**ステークホルダーマネジメント**でも十分に利用できる考え方です。詳細を下図に示します。

信頼と信用の軸

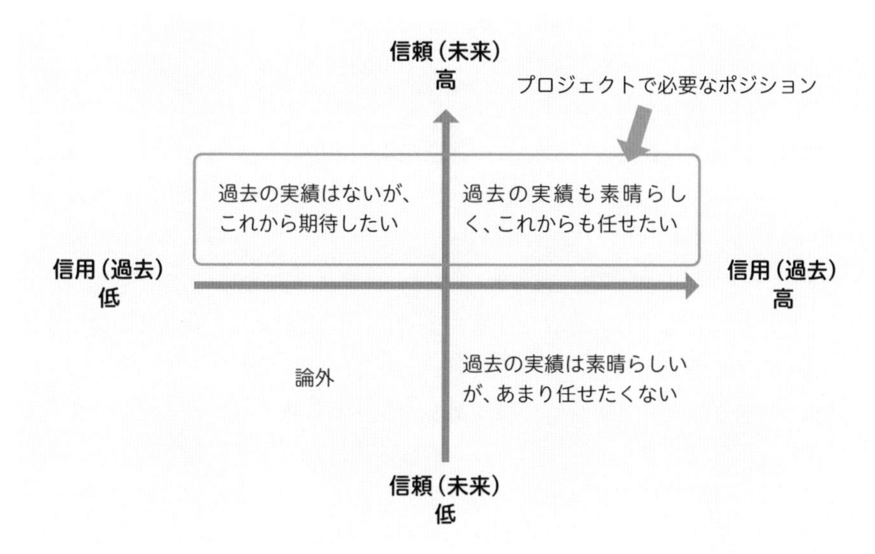

図から分かるように、信頼は「これから（未来）に期待していること」を、信用は「過去の実績から得られるもの」を示しています。たとえば「信用はできるが信頼されていない」ポジションは、今までの実績は十分だが現時点のモチベーションや態度からあまり任せたくない、といった状態を表します。

プロジェクトを進めるために必要なのは、「信用でき、信頼もできる」、もしくは「信用はないが、信頼できる」ポジションの人材だと考えます。プロジェクトは新しい有形・無形の成果物を開発するケースが多く、信頼がなければ周囲の協力を得ることが難しくなるでしょう。また、当然のことですが信頼は相互のものであるため、こちらが相手を信頼していなければ相手からの信頼を得ることはできません。

Section 25 メンバーのアサイン

「プロジェクトにメンバーをアサイン (assign) する」とは、メンバーを任命することを意味しており、プロジェクトマネジメントではよく利用される表現です。それでは、どのようなメンバーをアサインすべきでしょうか。ここで詳しく解説します。

コンピテンシーを明確にする

メンバーを**アサイン**する場合、まず信頼と信用 (➡Section 24) が必要です。アサインされるメンバーは信用でき、周囲の信頼を得られる人が望ましいです。具体的にどのような人材が該当しやすいのでしょう。重要なのは、交渉力を含めた対話力、リーダーシップ、会議での運営能力、影響力、文化に対する認識、揉めごとへの対応力など、各人に備わっているスキルである**人間関係のスキル** (interpersonal skill) です (➡Section 06)。

では、影響力のとても強い人が良い人材ということになるのでしょうか。実は、これは必ずしも正しいわけではありません。立場によって極端に影響力が強いことが適切でない場合もあります。

適切な人材を検討する際には、**コンピテンシー**から考えることも必要です。コンピテンシーとは、良い結果に結び付く具体的な行動・態度・思考のことです。

各プロジェクトの終了時に実施する反省会や振り返り会議などの場で、そのプロジェクトの結果を参考に「どのようなアクションが適切であったのか」を考える中で影響力の度合いやリーダシップレベルなどを特定します。そのアクションを他のプロジェクトでも実施することにより、組織に合ったコンピテンシーを徐々に明確にすることができます。

コンピテンシーを明確にする方法

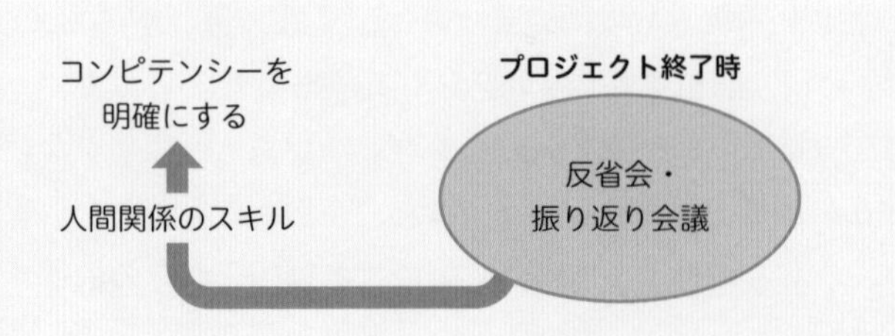

良識性・情緒安定性・知的好奇心

メンバーに対して**特性アセスメント**を行うことで、メンバーの妥当性を確認することも可能です。筆者も今まで多くのアセスメントツールを利用していますが、その中でも「MARCO POLO」(https://marcopolo.jp/) は、非常に高い精度の人材採用・人材育成のベースとなる情報を得ることができます。

MARCO POLOとは、株式会社レイルが開発・運用する企業向けの特性アセスメントツール (有料) です。企業の人材採用・育成に携わっている方は、興味があれば一度問い合わせてみるのが良いでしょう。ここでは、プロジェクトマネジメントでも参考になる指標として、**良識性・情緒安定性・知的好奇心**を紹介します。

良識性・情緒安定性・知的好奇心の要素 (MARCO POLOの基本的性格特性より)

指標	要素
良識性	**役割意識**:役割を果たすことが必要と考える
	誠実:自分が仮に損をするとしても社会や法のルールを守る
	完遂:一度手掛けたことは中途半端にしない
情緒安定性	**安定性**:すぐに落ち込んでもイライラしない
	回復力:一度落ち込んでも回復が早い
	配慮:気分が優れない時でも相手への態度に示さない
知的好奇心	**情報欲**:分からないことは知りたいと思う
	緻密性:情報の収集を周到に進める
	論理性:体系的に物事を考える

MARCO POLOでは、上記を基本的性格特性の一部と位置付けており、ビジネス場面だけでなく日常生活も含む性格特性と考えています。

上記の要素は、プロジェクトを進める上でどれも重要であることはお分かりでしょう。良識性や情緒安定性が低ければ、ステークホルダーからの信頼を得ることはできません。また知的好奇心が低ければ、適切に要求事項を捉えることは難しくなります。このように、コンピテンシーを考えるという方法以外にも、性格特性からメンバーの妥当性を確認することも可能です。

パリッシュのモデル

メンバーのアサインに関しては、**パリッシュのモデル**という教育工学の理論も参考になります。パリッシュのモデルは、2009年に教育工学者であるパトリック・パリッシュにより提唱された、学習経験に影響を与える4つの学習者要因という考え方です。

パリッシュは、知識の提供方法に問題がないにも関わらずメンバーの育成が上手くいかない場合、メンバー側の心構えとして以下の4つのうち何かが欠如しているのではないか、と考えています。

パリッシュのモデルにおける4つの学習者要因

項目	内容
意図:intent	自分はなぜここにきたのか。目的は何か。何を成し遂げたいのか
プレゼンス:presence	存在するだけでなく積極的に貢献しようとすること。自分の現状はパーフェクトではなくまだまだ向上するという意識
開放性:openness	何でもそのまま受け入れるのではなく、自分自身の中で比較対象(フィルター)を持ち、自分としての考えを出すことができる
信頼:trust	学びの環境や指導者を信頼すること

この理論は「育成」という観点で考えられていますが、もちろん、アサイン時のメンバー評価としても利用できます。

たとえばある人材の我が強く、与えられた環境についてそもそも懐疑的であり、プロジェクトマネジャーが信頼されていないというケースであれば、上記の表にある「開放性」と「信頼」がないということになります。こうした人材が、高いパフォーマンスで作業を進めることはありません。

また、自身のプロジェクトに対する目的が曖昧で向上心がない場合、その人材は「意図」と「プレゼンス」が低いということになります。もちろん、こうした人材はアサインの対象にはならないでしょう。

機会費用

ここで、ある企業で発生したアサインに関する出来事を紹介します。

ある企業で、新しいプロジェクトが発足することになりました。プロジェクトの目的は、「いくつかの営業部門で独自で制作しているドキュメントをまとめ、部門共通のドキュメントとして文書管理を行い、業務の効率化を高める」というものでした。アサインされたのは管理部門から1名、営業部門から2名のみで、まずは最少の人数で実施する形です。

営業部門からアサインされた2名は多くの顧客を抱えていました。会社は本プロジェクトをなるべく早く軌道に乗せたいと考えており、プロジェクトに専念できるよう2名が抱えていたすべての顧客を他の営業スタッフに引き継ぎ、営業業務からは完全に外しました。ところがそうした会社側の意向と異なり、2名のモチベーションは下がってしまいました。実はその会社では営業部門が花形であり、営業から完全に外されたメンバーは、自分たちが不要になってしまったと感じたのです。

筆者は、この2名の気持ちが分からないわけではありません。しかしここで考えていただきたいのは、「企業は無駄な投資を絶対にしない」ということです。

会社側は、「2名の営業力で得られる成果」と「プロジェクトの成功」を天秤にかけて、プロジェクトの成功がより重要と考えたわけです。この選択の結果、選ばれなかったもう1つの選択肢で想定される利益は享受できなくなります。この利益のことを**機会費用**と言います。会社側は、この機会費用を負ってでもその新しいプロジェクトにかけており、機会費用も新しいプロジェクトを進めるために必要なコストと考えています。

機会費用

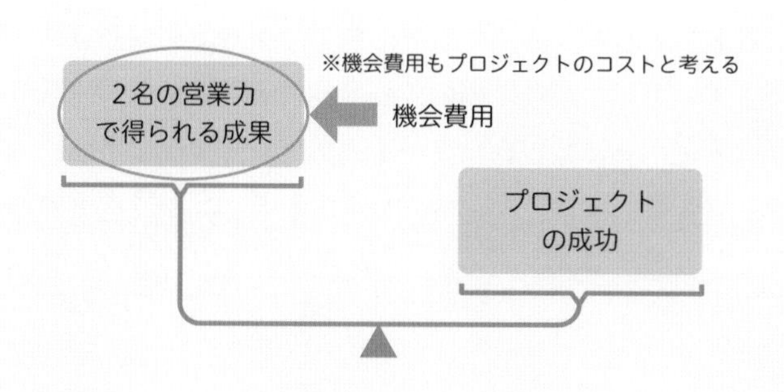

Section 26 ステークホルダー登録簿の作成

プロジェクトマネジャーがプロジェクト目標を明確にし、ステークホルダーを特定したら、その結果をもとにステークホルダー登録簿を作成するのが望ましいと言われています。ここでは、ステークホルダー登録簿の基本と作成・管理のポイントを解説します。

ステークホルダー登録簿とは

ステークホルダー登録簿 (stakeholder register) とは、各ステークホルダーの連絡先などの個人情報、プロジェクトに対する要求、現時点におけるプロジェクトに対する関与度を記載したステークホルダーの一覧表であり、ステークホルダー分析の結果をもとに作成する文書とされています。

登録簿に記載すべき内容には機微な情報もあるため、文書に残すのが難しいケースもあるかもしれません。しかしながら筆者の今までの経験から考えると、プロジェクトを進めるために必要な文書であると思います。

ステークホルダー登録簿を作成・管理するために重要なことは以下の2点です。

1. 文書の管理方法

プロジェクトの中で作成される文書の中でも、ステークホルダー登録簿には個人情報や関与度などの機微な情報が含まれます。そのため、特定の人物のみがアクセスできるようにするなど、具体的な文書の管理方法を検討しておく必要があります。

2. 文書の更新方法

期間が長いプロジェクトでは、ステークホルダーが入れ替わることもあります。また、各ステークホルダーの要求事項が詳細化されたり、関与度が変更されたりする場合もあるでしょう。そのため、ステークホルダー登録簿は適宜更新する必要があります。たとえば各工程の最後で、ステークホルダー登録簿にアクセスできる一部のメンバーと話し合いながら更新する、などです。

皆さんのプロジェクトにおいて、ステークホルダー登録簿に近い文書として何があるか、想像してみましょう。

ステークホルダー登録簿の例

以下に、ステークホルダー登録簿の例を示します。以下の図では、ステークホルダーの識別情報としてメールアドレスと役職のみを記載していますが、プロジェクト内容や作成者の意向により、項目を増やすのが良いでしょう。

なお原則として、ステークホルダー登録簿の作成者はプロジェクトを管理している人が良いとされています。

ステークホルダー登録簿のサンプル

個人が特定できる情報を記載する（情報管理を厳密に行う必要がある）

現時点の要求事項を記載する。要求事項がより明確になったら更新する

No.	分類	氏名	識別情報		要求事項	関与度
			メールアドレス	役職		
1	顧客	大塚和美	111@.jp	営業課長	業務が楽になること	中立
2	顧客	渡部純一	111@.jp	開発課長	システムは利便性を重視してほしい	支援
3	チーム	中田良子	112@.jp	メンバー	定期的な情報共有	抵抗
4	チーム	水谷葉子	113@.jp	リーダー	顧客を満足させ、次の受注につなげる	支援
5	外部	日下部拓也	112@.ez	ベンダー	社としての基準を遵守	中立
6	自社	前田三奈子	114@.jp	総務課長	メンバーの勤怠管理は徹底してほしい	中立
7	自社	宗村邦恵	223@.jp	役員	報告は月１回のメールで	中立

ステークホルダー分析（Section 23）で特定した現時点のエンゲージメントを記載する。「抵抗」「中立」「支援」の3つに分類することが望ましい（詳細は3章）。エンゲージメントが変化した場合は更新する

Section 27 キックオフ会議とプロジェクト立ち上げの注意点

第2章の最後に、プロジェクト立ち上げ時の重要なポイントと注意点をまとめました。また、プロジェクトの立ち上げ時の最後に実施される「キックオフ会議」についても解説します。

キックオフ会議を実施する

キックオフ会議とは、プロジェクト立ち上げ時の最後に実施する会議のことです。キックオフ会議の目的は、プロジェクトの目標、各ステークホルダーの役割と責任を確認し、各ステークホルダーからプロジェクトへのコミットメントを担保するために、プロジェクトの開始をアナウンスすることです。言い換えれば、ステークホルダー全員が共通の認識を持っていることを確認するために実施されます。キックオフ会議の参加メンバーは、カスタマー、プロジェクトチーム、スポンサーなどの主要なステークホルダーはもちろんですが、外部業者、組織内の機能部門などが参加する場合もあります。

キックオフ会議のポイントは、「メンバーを含む各ステークホルダーが、本当にプロジェクトの目標をしっかり理解し、内面化されているか」、つまり全員が腹落ちしているのかどうかです。これは、会議に参加している各ステークホルダーの態度を確認することで把握できるでしょう。逆に言えば、この会議においてプロジェクトマネジャーは、各ステークホルダーの態度を注視する必要があるのです。

キックオフ会議

プロジェクト目標
ステークホルダー全員が
共通の認識を持っていることを確認

目標が内面化されていることを
参加者の態度で確認する

参加者
カスタマー、プロジェクトチーム、
スポンサー　など

プロジェクトの立ち上げにおいて注意すべきこと

第2章では「プロジェクトの立ち上げ」として、さまざまな考え方やポイントをお伝えしました。第2章の最後に以下の通り、「プロジェクトの立ち上げ」において注意すべき点をまとめました。今までの振り返りとして確認してください。

「プロジェクトの立ち上げ」におけるポイント

項目	内容
KGIとKPIの考え方	プロジェクトの目標はKGIとKPIに分けて考える必要がある。基本的に、KPIはKGIをもとに考えられる。KPIはKGIよりも規模が小さく、KGI達成までの各プロセスの達成度を測るための、KGIの中間指標となる目標のこと。KGIは変化しないが、KPIは変化する可能性がある
3つのプロジェクト目標	プロジェクトの目標として、「出力」「結果・成果」「利益」の3つがある。いずれもSMART基準に沿って考える必要がある。なお、フェーズゲートで確認できるのは「出力」と「結果・成果」。またフェーズゲートでは、開発費用を確認する必要もある。プロジェクトの目標は、プロジェクト憲章やプロジェクト要約書に記述される
ステークホルダー分析	ステークホルダー分析において最も重視すべき分析対象項目は、現時点における各ステークホルダーのエンゲージメント(やる気)。エンゲージメントはプロジェクトに大きな影響を与える。エンゲージメントはステークホルダー登録簿に記述される
メンバーのアサイン	プロジェクトにメンバーをアサインする場合は、プロジェクトの結果から考えた行動特性である「コンピテンシー」を利用する方法と、「性格特性」からメンバーの妥当性を確認する方法がある。性格特性の指標としては、MARCO POLO、パリッシュのモデルなどのツールがある
キックオフ会議	プロジェクト目標が内面化されていることを、キックオフ会議参加者(ステークホルダー)の態度で確認する

Column 2

プロジェクトで中心的な役割を果たすには［正統的周辺参加］

皆さんも、これまでのプロジェクトマネジメントの能力が認められ、新しい分野のプロジェクトを支援してほしいという依頼をもらうことがあると思います。この時、新しい分野のプロジェクトを少しでも良い方向に進めていこうと考えて、これまでの自身の経験をもとにさまざまなツールや方針を決定し、成果物を開発する現場すべてに適用しようと頑張る人がいます。

筆者にも、かつてそのような経験がありました。最初から自身のエンジンをフル回転するかのように、とにかく自分ができることをすべて徹底させようとする状況です。

筆者は、すべてのケースにおいてこれが悪いことだとは決して思いません。プロジェクトマネジャーが優秀で、周囲を巻き込むことが得意な人であれば、こうした方法が妥当なケースもあると考えているためです。しかしながら、たいていの場合は古くからいる人に疎まれてしまい、上手くいかないケースが多いのではないでしょうか。

筆者が考える妥当な方法は、最初は周辺のサポート業務に留めることです。周囲の人とコミュニケーションをとる中で、徐々にその組織においてどのように行動すれば良いのか、自身の仕事の進め方などを確認し、最終的に組織の中で中心的な役割を担うことを目指します。この考え方は、ジーン・レイヴとエティエンヌ・ウェンガーが1991年に提唱した**正統的周辺参加**（Legitimate Peripheral Participation）と言います。

過去の実績が評価されたとはいえ、新しい組織の中で中心的な役割を担うには、場合によっては時間がかかるかもしれません。こうした場合でも焦ることなく、まずは1年間で何ができるのかを考えます。そして自身の目標を月毎に設定し、少しずつ新しい組織に馴染むことを考えるのが良いでしょう。

皆さんの周りにも、焦っているプロジェクトマネジャーはいませんか？

第3章

プロジェクトの計画立案

Section 28 要求が変わりやすいプロジェクトへの対応

顧客の要求が決まりづらい、もしくは要求が明確になった後でも追加依頼が発生しやすいプロジェクトはよくあると思います。では、こうしたプロジェクトにおいてはどのように対処すべきなのでしょうか。

顧客の要求が明確にならない

次に紹介するのも、筆者の知り合いのプロジェクトマネジャーが経験した出来事です。

そのプロジェクトは、顧客の新製品をリリースするにあたってプロモーションをしてほしいという要求で、新製品のリリースまであまり時間がありませんでした。プロジェクトの担当者は営業部門の方で、プロモーションツールを開発するクリエイティブ部門と顧客の要求を調整しつつ、プロジェクトを管理する必要がありました。

プロジェクト担当者は、顧客の要求を明確にするため、顧客にプロモーションの試作品（プロトタイプ）を見せながらさまざまな提案をしていました。プロタイプを提供した直後は顧客も納得した様子で要求を明確にできそうなのですが、顧客内のキーパーソンの影響なのか、もしくは担当者自身に思うところが生じるのか、後日追加依頼が発生します。これは要求を明確にした後も同様で、プロジェクトを進める過程においても何度か追加依頼が発生するような状況でした。

顧客の要求に柔軟に対応することは必要ですが、そもそもこのプロジェクトは新製品のリリースまで時間がなく、納期が厳しいという条件がありました。どうせ計画を立てても顧客の追加要求によって変更になってしまう、と考えたこのプロジェクト担当者は、「とにかく顧客の要求には何でも対応する」という方針を決めてそれをメンバーに伝え、計画を作成することを諦めました。

結果として、プロモーションのための成果物と言えるものを顧客に提供できたものの、ベストな成果物を提供したとは言えませんでした。こうした事例は、他のプロジェクトでも考えられるケースだと思います。皆さん、このプロジェクトをどのように考えますか。なお、最終的に筆者は、このプロジェクトを管理した営業部門の方から相談を受けることになりました。

要求が変わりやすいプロジェクトにどう対応するか

筆者のこれまでの経験をもとに考えると、要求が変わりやすいプロジェクトへの対応方法は2つあります。

1つ目は、「要求が変わりやすい状況でも、できる限りプロジェクトの最初の段階で要求を明確にすること」です。今回の事例のように要求が確定しづらいケースはありますが、それでもあらゆる手段を利用して要求を明確にする必要があります。なぜなら、その後要求が変化した時に、どのように変わったのかを追跡しづらくなるためです。

もちろん、要求が大きく変化した場合は納期とコストの見直しが発生することを顧客に適切に伝えることも必要です。前提条件と制約条件の重要性はSection 04で解説しています。また、要求事項の特定についてはSection 29以降で解説します。

2つ目は、「分かる限り、できる限りで計画を立案すること」です。前述の事例では、計画を立て直す時間がもったいないという理由から計画を作成することを諦めていますが、これは妥当な方法とは言えません。

たしかに計画立案に多くの時間が割かれ、成果物が開発できなくなるのは良いことではありません。それでも、分かる限りで計画を立案します。打ち合わせのたびに要求が変化するのであれば、「その打ち合わせまでに何をするのか」という計画を立てます。今回のような例であれば、手の込んだWBS（➡Section 32）を作成するのではなく、ToDoリスト程度の簡単なものでも十分でしょう。

少しでも計画を立案することで、プロジェクト終了時の振り返り資料として利用でき、次のプロジェクトに向けた改善点を特定することも可能になります。

要求が変わりやすいプロジェクトへの対応

①できる限りプロジェクトの最初の段階で要求を明確にする

要求が変化した時、どのように変わったのかを追跡しづらい

②分かる限り、できる限りで計画を立案する

プロジェクト終了時の振り返り資料として利用することができる

Section 29 要求事項の引き出し方法

プロジェクトでは、顧客や上司といったステークホルダーから要求事項を引き出す必要があります。ここでは、実際にプロジェクトマネジメントで利用できる要求事項の引き出し方法を紹介します。

要求事項を収集する

プロジェクトの目標を設定し、ステークホルダーを特定した後は、顧客や上司から要求事項をさらに引き出します。もちろん、プロジェクトの立ち上げ時に要求事項を特定していますが、立ち上げ時の情報をもとにさらに要求を引き出していきます。

たとえば、営業部門が顧客との打ち合わせを通じ、初期段階の要求事項を特定できたとしましょう。この時点で明確になるのは、主にプロジェクトの目標です。しかしながら、これだけではプロジェクトを進めるための情報として十分でない可能性があります。そこで、営業部門と開発部門が一緒に顧客と打ち合わせを実施し、さらなる要求事項を収集します。

上司から依頼された社内プロジェクトであれば、依頼元の上司との打ち合わせで明確にするのはプロジェクトの目標です。その後、プロジェクトで得られる成果を享受する各部門から要求事項を収集する必要があります。このように、顧客からの依頼であっても上司からの依頼であっても、要求事項の収集はプロジェクトの計画段階において必要なアクションです。

要求事項の収集

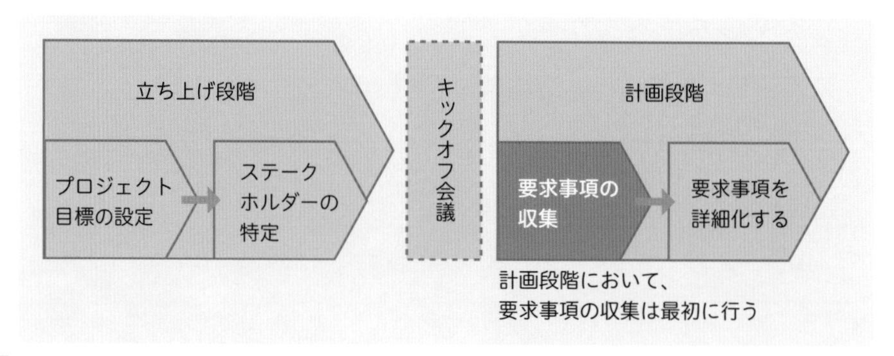

顕在的な要求と潜在的な要求

それでは、要求事項の引き出しにはどのような方法が利用できるのでしょうか。要求事項の引き出し方法は、大きく2つに分けることができます。それは**顕在的な要求**を特定する方法と、**潜在的な要求**を特定する方法です。一部ですが、以下の表にそれぞれの内容をまとめました。

顕在的な要求と潜在的な要求

分類	名称	内容
顕在的	文書分析	営業部門から提供される顧客資料やマーケティング資料などから要求事項を特定する
	アンケート	顧客にアンケートを依頼して、顧客が記入したアンケートから要求事項を特定する
潜在的	フォーカスグループ	特定分野の専門家へのインタビュー。専門家との会議を通じて要求事項を特定する
	ファシリテーション技法	会議において意見を拡散し、得られた意見をまとめて合意を形成する
	インタビュー	よく利用される方法であり、顧客などとの会議を通じて要求事項を特定する
	プロトタイプ	プロトタイプ（試作品）を見せて、会議を通じて要求事項を特定する
	作業観察	プロジェクトで生成する成果物を利用する部門の作業などを観察して、部門に所属しているスタッフの行動を確認し、その行動から要求事項を想定する

普段、皆さんも会議を利用して要求事項を引き出すことが多いのではないかと思います。上記の表からも分かる通り、会議を利用することで潜在的な要求を引き出しやすくなります。

Section 30 要求事項を引き出すファシリテーション技法

前のセクションでは、顕在的な要求と潜在的な要求について説明しました。ここでは、潜在的な要求事項を引き出すことができるファシリテーション技法ついて詳しく解説します。

潜在的な意識と顕在的な意識

要求事項を特定する場合は、顕在化している部分だけを特定するのは妥当ではありません。むしろ、要求事項であると顧客自身が認識できていない潜在的な部分にこそ、本当の要求が存在していることがあります。そのため、インタビューやファシリテーション技法などを利用しながら、潜在的な要求事項を確認していきます。

顕在的な意識と潜在的な意識の割合は、以下の図をイメージしていただくと良いでしょう。このように、潜在的な要求事項がとても重要であることが分かります。なお、決して顕在的な要求事項が重要ではないというわけではありませんので、注意してください。プロジェクトを進めるためには、両方を収集することが必要です。

潜在的な意識と顕在的な意識

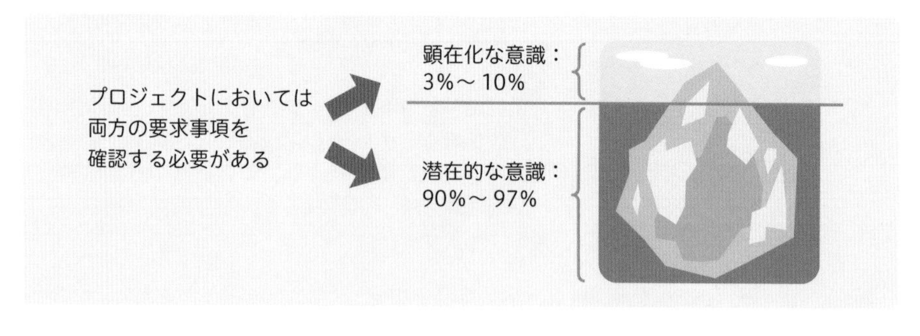

ここでは、潜在的な要求事項を確認するための方法として**ファシリテーション技法**を紹介します。ファシリテーション技法の概要はSection 29で紹介しましたが、筆者がこれまで利用した要求事項の引き出し方法の中でも、「合意形成も可能である」という点から非常に利用しやすい方法だと考えています。

ファシリテーション技法の４つの段階

ファシリテーション技法は、会議において意見を拡散し、得られた意見をまとめて合意を形成する方法のことです。以下の表に、ファシリテーション技法の4つの段階をまとめました。

ファシリテーション技法の詳細

段階	名称	内容
1	場づくり	意見が出しやすい状況を作る必要がある（初めての対面であれば、自己紹介、会議の趣旨を伝えるなど）。この段階で進行役（ファシリテーター）を決める必要もある
2	拡散	会議において意見を言う人が限定される状況は望ましくない（その場で意見を言わないほうが、プロジェクト進行の妨げになる可能性がある）。ファシリテーターは、意見を言わない人に話を振り意見を求める必要がある。たとえば「今、〇〇という観点で議論が進んでいますが、他に考えなければならないことはありますか？」「あえて反対意見を挙げるとどんな意見になりそうですか？」など。話し合いが細かい点まで及び論点が分かりづらくなった場合は、「今、〇〇という話になっていますが、そもそも何の話でしたか？」などの問いかけをする
3	収束	参加者の考え方を尊重しながら、「拡散」において出た数々の意見を分類し、ファシリテーターがまとめる
4	合意形成	「収束」において分類したもののうち、最も重視すべきことを特定する

4つの段階それぞれに関連性があり、どの段階も重要なものです。たとえば、「場づくり」が上手くいかない場合は「拡散」も上手くいきませんし、「拡散」が中途半端な場合は上手く「収束」することができません。

Section 31 ファシリテーションにおいて注意すべきこと

ファシリテーション技法に慣れるためには何が必要なのでしょうか。また、ファシリテーション技法に関して注意すべき点はあるのでしょうか。ここでは、実際のプロジェクトにおいてファシリテーション技法を利用する上でのポイントと注意点を解説します。

ファシリテーション技法に慣れるためのポイント

ファシリテーション技法は、経験を重ねることで徐々に上手くなります。架空の事例を利用して数名でロールプレイをし、順番にファシリテーターを担当することが望ましいです。筆者も、何度かロールプレイを利用したファシリテーション技法のトレーニングを行ったことがあります。筆者がその経験から気付いたポイントは2点あります。

1点目は**拡散の方法**です。拡散の方法についてはSection 30でも少し説明しましたが、自分なりの方法を見つけることが必要です。拡散の目的が、会議に参加しているメンバーから意見を引き出すことであることは変わりませんが、たとえば意見を引き出すタイミング、問い方などについて、自身の特性を考慮する必要があります。

2点目は**拡散に集中する**ことです。たいていの場合、会議には時間枠が決められています。決められた時間枠の中で成果が求められることから、どうしても「収束すること」に集中しがちですが、その結果十分な拡散ができずにありきたりな結果を導いてしまう可能性があります。

まずは拡散に多くの時間を利用して拡散に慣れ、限られた時間の中で会議に参加している人と協力しながら収束することが必要です。

ファシリテーション技法に慣れる2つのポイント

拡散の方法	自分に合った拡散の「タイミング」と「問い方」を見つける
拡散に集中する	拡散に多くの時間を使うことで、十分な拡散ができず、ありきたりな結果を導いてしまう可能性を避ける

ファシリテーション技法に関する注意点

ファシリテーターが自分に合った拡散のタイミングや問い方を見つけたとしても、会議に参加している人が上手く意見を言わないケースがあります。こうしたケースでは、以下の4点について確認をすることも必要です。これは、心理学者アーヴィング・ジャニスが提唱した集団的浅慮（集団思考）の考え方です。

集団的浅慮

項目	ファシリテーション技法との関連
同調圧力	今までの会議運営や組織風土などが関連している可能性がある。「場づくり」において、ファシリテーターが配慮する必要がある
自己検閲	意見を言う前に自ら意見を述べるの差し控えることを指す。「拡散」では、自己検閲をしてしまう人に対してファシリテーターが配慮する必要がある
逸脱意見から集団を防衛する人物の発生	社歴の長いベテランなどが、異なる意見を発してはいけない会議の雰囲気を作り出すことがある。「場づくり」で会議の趣旨を伝えるとともに、「拡散」においてファシリテーターからこうした人物に話しかける必要がある。なお、会議の終了時間のみを気にしているファシリテーターは、自身がこのケースに該当してしまう可能性がある
表面上の意見の一致	表面上の意見の一致を繰り返す参加者については、「拡散」においてファシリテーターが配慮する

また、「収束」の段階では、**親和図**がよく利用されます。親和図とは、まず会議の参加者から提案されたいくつもの意見を付箋紙に記述して、それらの付箋紙をホワイトボードに貼り付けます。そして、ホワイトボードに貼られた付箋紙を、ファシリテーターが会議参加者の意見を聞きながらいくつのグループに分けてまとめる方法です。まとめる場合には、ファシリテーターの独断では決めず、参加者の意見を十分に確認しながら進めるのがポイントです。

Section 32 WBSとガントチャート

要求事項を明確にした後は、このプロジェクトで実現できることを定義し、WBSやガントチャートを作成して、具体的にどのようなアクションをとるのかを検討します。ここでは、WBSとガントチャートの役割と作成のポイントを解説します。

要求事項から成果物を定義する

各ステークホルダーからの要求事項を引き出したら、それらの要求事項をもとに「プロジェクトで実施すること」「開発するもの」を考える必要があります。プロジェクトで実施することを**プロジェクトスコープ**、開発するものを**プロダクトスコープ**と言います。基本的には、プロジェクトスコープを実現することでプロダクトスコープが完成します。

なお、プロジェクトの納期や開発費などの制約条件を考えると、すべての要求事項をプロジェクトで実現することが難しくなるかもしれません。その場合は、制約条件をもとに妥協案を考えることも必要です。

このようにしてプロジェクトで実現することを定義しますが、そこで作られる文書のことを**プロジェクトスコープ記述書**（Project scope statement）や**成果物記述書**（Product Description）と言います。これらの文書では、原則として以下の4点を記述します。また、4点を明確にした後でWBSを作成することが一般的です。

成果物を定義するイメージ

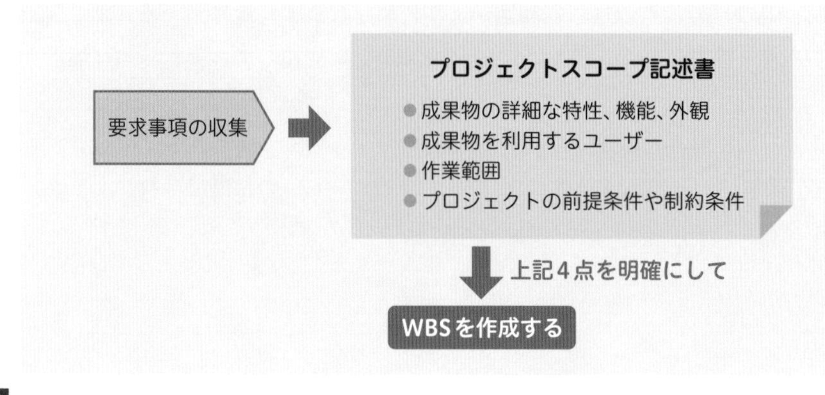
要求事項の収集
プロジェクトスコープ記述書
成果物の詳細な特性、機能、外観
成果物を利用するユーザー
作業範囲
プロジェクトの前提条件や制約条件
上記4点を明確にして
WBSを作成する

WBS

WBS (Work Breakdown Structure) とは、作業分解図のことです。WBSは、プロジェクトスコープ記述書で定義した成果物をもとに作成します。成果物を管理しやすいレベルまで細分化し、WBSの最小の構成要素である**ワークパッケージ** (Work Package) を定義します。

ワークパッケージとは、アクティビティよりもっと大きな作業項目のことであり、アクティビティの集合体です。一般的には、1週間から2週間程度で完了する作業項目とされています。なお、アクティビティとタスクは同義語です。一般的には、タスクという用語のほうが多くのプロジェクトで利用されているようです。

WBS

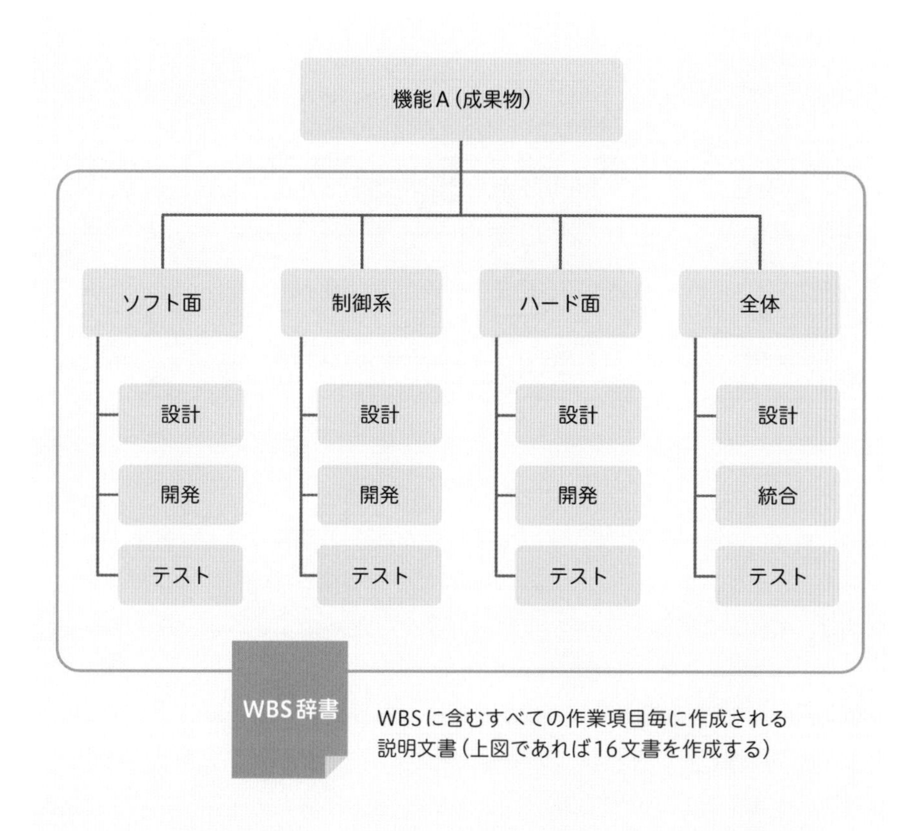

ガントチャート

ガントチャート (Gantt chart) とは、WBSで特定したワークパッケージをさらに詳細にしてタスクを特定し、各タスクに必要な資源と所要期間を加え、基本的には上から作業順に並べたプロジェクトスケジュールのことです。ガントチャートはバーチャートとも言われ、各タスクの開始予定日と終了予定日をバーや矢印で繋ぐ形で表現されます。このように表現すると、並行実施する作業は何があるのかなどの作業状況が一見して分かるため、プロジェクトでよく利用されるツールの1つです。

以下の図を確認すると分かると思いますが、ガントチャートは樹形図のような形で表現されるWBSのワークパッケージをもとに作成するため、本来はガントチャートとWBSは異なるものです（次のページで関連する問題について解説します）。

ガントチャート

コード	タスク	予定工数	開始予定日	終了予定日	担当	1w	2w	3w	4w	5w	6w	7w	8w	9w
1	要件定義工程	14												
1.1	要件定義書	8	2月1日	2月21日										
1.1.1	宿泊予約管理	2	2月1日	2月10日	高石									
1.1.2	実績管理	2	2月1日	2月10日	井上									
1.1.3	マスタ管理	2	2月11日	2月20日	井上									
1.1.4	ユーザー認証	1	2月20日	2月28日	高野									
1.1.5	ユーザー管理	1	2月20日	2月28日	馬場									
1.2	画面モックアップ作成	2	3月1日	3月10日	高橋									
1.3	帳票サンプル作成	2	3月1日	3月10日	高石									
1.4	概念モデル作成	2	3月11日	3月18日	高橋									
2	設計工程	8												
2.1	システム構成検討	1	3月11日	3月18日	小川									
2.2	アプリケーション基本設計概念	1	3月19日	3月24日	高際									

なお、顧客や上司から具体的な納期を示されているプロジェクトでは、樹形図の形のWBSは作成せずにガントチャートを作成することも考えられます。こうしたケースでは、各ステークホルダーからの要求事項を確認して成果物を定義した後は、納期から逆算して、「成果物を開発するために、どのようなタスクをいつ実施すべきか」を考える必要があるためです。

筆者も、WBSを作成せずにガントチャートを作成する場合があります。こうした方法が間違いというわけではなく、プロジェクトの状況に合わせて利用するツールを考えることも必要です。

用語の定義の重要性

ここまで、WBSとガントチャートの違いについて説明しました。筆者のこれまでの経験では、ガントチャートのことをWBSというケースも多く見受けられます。おそらくその理由は2つあると思われます。

1つ目は、WBSを詳細にしたものがガントチャートであるため、ガントチャートはWBSの記載内容を包含しているためです。そして2つ目は、プロジェクトにおいてWBSという言葉がよく利用されるためです。筆者もかつてある顧客とのやり取りの中で、WBSとガントチャートで混乱したことがあります。

筆者がプロジェクトを担当して間もない頃、ある顧客がWBSの共有を求めてきました。しかしながらその当時、筆者がWBSだと思っていたものはガントチャートであり、プロジェクトスケジュールといった詳細な情報を顧客に提供しても理解できないのではないかと考え、要求の意図を顧客に確認したのでした。その結果分かったのは、顧客が提供を求めたのはガントチャートで分かる詳細な情報ではなく、樹形図のような形のWBSで確認できるワークパッケージレベルの情報だったのです。

ここで注意してほしいのは用語の定義です。今回の事例のような、用語に関する認識の違いは、顧客との間だけでなくプロジェクトチーム内でもよくあることだと思います。プロジェクト開始時に、用語の定義を行うことも必要かもしれません。

それ以降、筆者は「顧客用のWBS」「プロジェクトチーム内で共有するWBS」の2種類を作成するようになりました。

WBSとガントチャートの違い

WBS	ワークパッケージレベルの情報
ガントチャート	各タスクに必要な資源と所要期間を加えた詳細な情報

※ガントチャートのことをWBSと言うケースもある

「用語の定義」が重要

Section 33 バッファの管理

プロジェクトスケジュールの各タスクにはバッファを設定することも必要です。バッファとは、リスクに対応するための予備時間のことです。ここではスケジュールにおけるバッファの管理について解説します。

バッファ

バッファ (buffer) とは、日本語で「緩衝」という意味です。各タスクを進める過程では、さまざまな問題が発生する場合があります。こうした問題に対処するには予備時間が必要であり、その予備時間のことをバッファと言います。バッファのことを、スケジュールの**コンティンジェンシー予備** (contingency reserve) と言う場合もあります。

バッファは、皆さんも無意識に設定している場合があります。

たとえば皆さんが、上司から「この作業はどれぐらいの日数がかかる？」という質問を受けた時、実労働時間だけを予測して報告することはないでしょう。必ず不測の事態も考慮し、数時間、もしくは数日の予備時間を加えて報告するのではないでしょうか。このように、プロジェクトスケジュールを考える上ではバッファは非常に身近ものと言えます。

気を付けておきたいのは、設定する人の特性と経験によってバッファは大きく変わる点です。たとえばバッファを設定する人がとても慎重な性格だった場合、必要以上にバッファを多く設定してしまう可能性があります。状況によっては、プロジェクトマネジャーなどの業務を管理している人がバッファの妥当性も確認する必要があるかもしれません。

バッファの設定

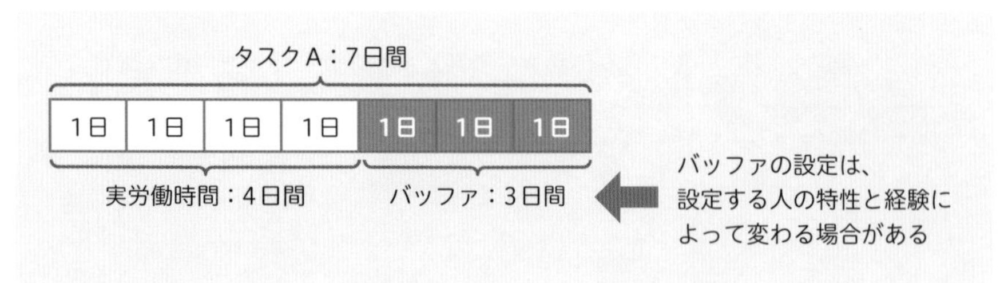

クリティカルチェーン法

バッファを上手くコントロールしながらプロジェクトスケジュールを作成する方法に、**クリティカルチェーン法**があります。

クリティカルチェーン法は、必要以上のバッファを設定しないようにするため、各タスクのバッファの妥当性をメンバーと話し合いながら設定する方法です。クリティカルチェーン法を利用することでバッファが見直され、当初設定していた納期よりもプロジェクト全体の開発期間が短くなる場合もあります。なお、バッファについては、プロジェクトマネジャーなど業務を管理している人が基本的に管理をする形になります。

クリティカルチェーン法

コード	タスク	予定工数	開始予定日	終了予定日	担当	1w	2w	3w	4w	5w	6w
1	要件定義工程	14									
1.1	要件定義書	8	2月1日	2月21日							
1.1.1	宿泊予約管理	2	2月1日	2月10日	高石						
1.1.2	実績管理	2	2月1日	2月10日	井上						
1.1.3	マスタ管理	2	2月11日	2月20日	井上						
1.1.4	ユーザー認証	1	2月20日	2月28日	高野						
1.1.5	ユーザー管理	1	2月20日	2月28日	馬場						
1.2	画面モックアップ作成	2	3月1日	3月10日	高橋						
1.3	帳票サンプル作成	2	3月1日	3月10日	高石						
1.4	概念モデル作成	2	3月11日	3月18日	高橋						

メンバーと話し合い、余計なバッファを含めない工数を考える

バッファが調整され、終了予定日が変更される

終了予定日が変更されることで、矢印の長さが変わる

プロジェクトマネジャーなど、業務を管理している人がバッファを管理する理由は、メンバーによるバッファの無駄遣いを避けるためです。これはメンバーに限ったことではありませんが、余計なバッファがあると心にゆとりができてなぜか別のことが気になり、優先度が高い作業を後回しにしてしまう可能性があります。ゆとりがあるのは悪いことではないのですが、結果的にバッファの無駄遣いに繋がってしまいます。こうした心理的な事象を**学生症候群**と言います。

Section 34 開発費の見積もり

開発費は、収益を確認するプロジェクトの立ち上げ時に検討する場合もありますが、プロジェクトの計画時にも検討するケースもあります。ここでは開発費の詳細について確認します。

開発費の内訳

開発費について、プロジェクトの収益を確認する際（Section 21）にすでに詳細に検討していることもあると思いますが、プロジェクトによっては、プロジェクト立ち上げ時に開発費を概算で検討し、プロジェクトの計画時に詳細を検討するケースも考えられます。

開発費の内訳は、基本的に**直接費・間接費・コンティンジェンシー予備**の3つです。直接費は、製品開発に直接関わる費用です。たとえばプロジェクトメンバーの人件費、リースやレンタル、機器や消耗品などは直接費として考えることになります。

間接費は、製品開発に直接関わるものではなく、PMOなどのプロジェクト支援部門で発生する費用のことです。なお、プロジェクトによっては間接費をプロジェクトの開発費に含めない場合もあります。

コンティンジェンシー予備とは、プロジェクトにおいて発生する可能性がある問題に対処する際に必要な予備費用です。すでにバッファ（スケジュールのコンティンジェンシー予備）については説明しました（Section 33）が、コストにおいても予備を設定しておく必要があります。

なお、具体的な見積もり方法については、ウォーターフォール型プロジェクトとアジャイル型プロジェクトに分けて、Section 39とSection 40で解説します。

開発費用の内訳

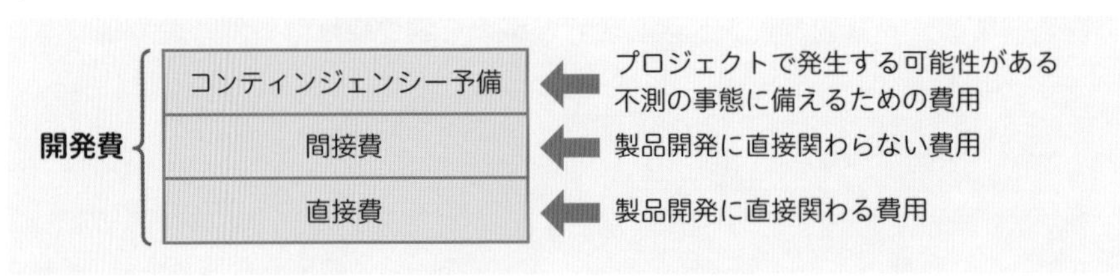

電脳会議

DENNOUKAIGI

一切無料

今が旬の書籍情報を満載してお送りします！

『電脳会議』は、年6回刊行の無料情報誌です。2023年10月発行のVol.221より**リニューアル**し、**A4判・32頁カラー**と**ボリュームアップ**。弊社発行の新刊・近刊書籍や、注目の書籍を担当編集者自らが紹介しています。今後は図書目録はなくなり、『電脳会議』上で弊社書籍ラインナップや最新情報などをご紹介していきます。新しくなった『電脳会議』にご期待下さい。

コンティンジェンシー予備とマネジメント予備

コンティンジェンシー予備は、プロジェクトにおいて発生する可能性がある問題に対処するための予備費用だと説明しました。しかしながら、すべての問題に対処するためにコンティンジェンシー予備が必要になるわけではありません。対応方法次第ではコンティンジェンシー予備が不要な場合もあります。そのためコンティンジェンシー予備は、問題が発生した際の「念のための」予備費用と考えるのが妥当です。

たとえば皆さんが、営業部門から開発費を見積もってほしいという依頼を受けた時、開発原価だけで見積もることはないでしょう。営業部門や顧客の意向が変化する場合も想定し、予備費用を加えるのではないでしょうか。これがコンティンジェンシー予備です。

その他の予備費用として**マネジメント予備**があります。これは、プロジェクトにおいてまったく想定できない事態が発生した場合に、その事態に対処するための予備費用のことです。たとえば自然災害の発生、経済状況の変化などによって、プロジェクトの継続が難しくなった時にマネジメント予備を使用する場合があります。

そのため、マネジメント予備は各プロジェクトマネジャーが管理できる費用ではなく、会社、PMO、本部、また開発部門に業務を依頼している営業部門などが管理する費用になります（つまり、組織構造によってマネジメント予備を管理する人は異なります）。さまざまな変化が発生する可能性がある現在では、開発費だけでなくマネジメント予備を設定することは、プロジェクトを進める上で必要なのかもしれません。

コンティンジェンシー予備とマネジメント予備

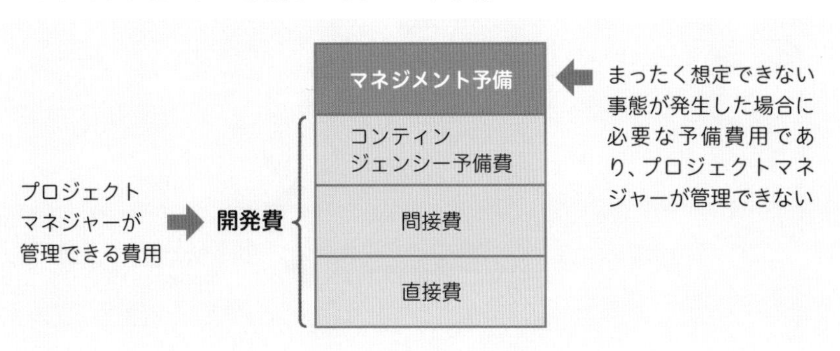

Section 35 成果物品質とプロジェクト品質

品質とは、要求を満たす程度のことを指します。品質は「成果物品質」と「プロジェクト品質」の2つに分けることができます。ここでは品質の考え方や種類について詳しく解説します。

品質とは何か

品質というと、多くの人は「プロジェクトで開発する成果物の機能に関するもの」と考えるのではないでしょうか。しかし品質とは、「要求を満たす程度」であると考えられています。ここでの要求とは、成果物の機能に対する要求はもちろん、開発費やスケジュールに関する要求も含みます。つまり、開発費が成果物の機能に見合うものであるのか、また適切な納期が遵守されているのかという点も、品質に影響を与える要因として考えることができます。

成果物を開発する開発部門の立場だと、品質とは成果物の機能に対するものという考え方になりがちです。しかしながら、顧客や上司などプロジェクトを依頼している側の立場で考えれば、品質には成果物の機能の妥当性、開発費の妥当性、納期が遵守できる体制であるかどうかというすべての要素を含みます。つまり、顧客や上司などプロジェクトを依頼している人は、成果物の機能だけに着目しているわけではなく、品質をトータルで捉えています。品質の構造は以下の図の通りです。

品質の構造

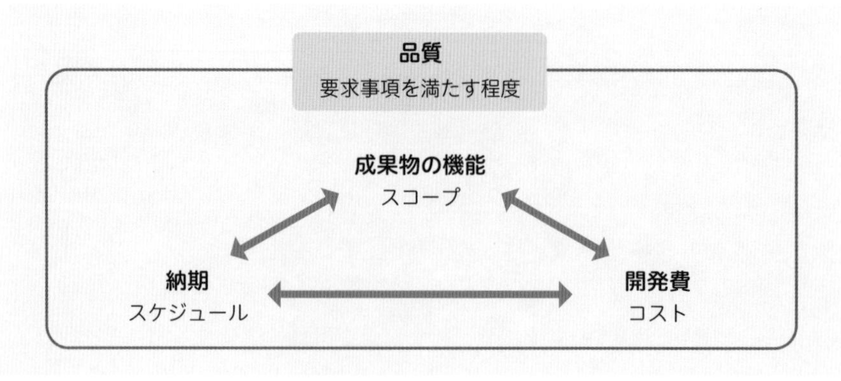

品質の種類

先の図の通り、品質はプロジェクトの3大制約条件である「スコープ」「スケジュール」「コスト」で構成されています。また、品質は2つに分けることができます。

1つ目は**成果物品質**です。成果物品質とは、開発する成果物の機能などに関する品質です。品質と言えば、一般的には成果物品質のことを示します。

2つ目は**プロジェクト品質**です。プロジェクト品質とは、プロジェクトが適切に進んでいるかどうかを確認できるものであり、スケジュールとコストを示します。品質という言葉から、プロジェクト品質をイメージするケースはあまり多くないかもしれません。

Section 05でも説明した通り、開発法によって重視すべき制約条件は異なり、重視すべき制約条件によってその他の制約条件は影響を受けます。それと同様に、高品質を得るためには2つの品質のバランスをとることが必要です。つまり、成果物の品質だけに注力してしまう状況は、顧客や上司などプロジェクトを依頼している人に対して適切な成果物を提供できてないかもしれない、と考えます。

皆さんのプロジェクトはいかがでしょうか。おそらく、成果物の品質に注力しつつ、開発費と納期を必ず気にかけているのではないかと思います。

成果物品質とプロジェクト品質

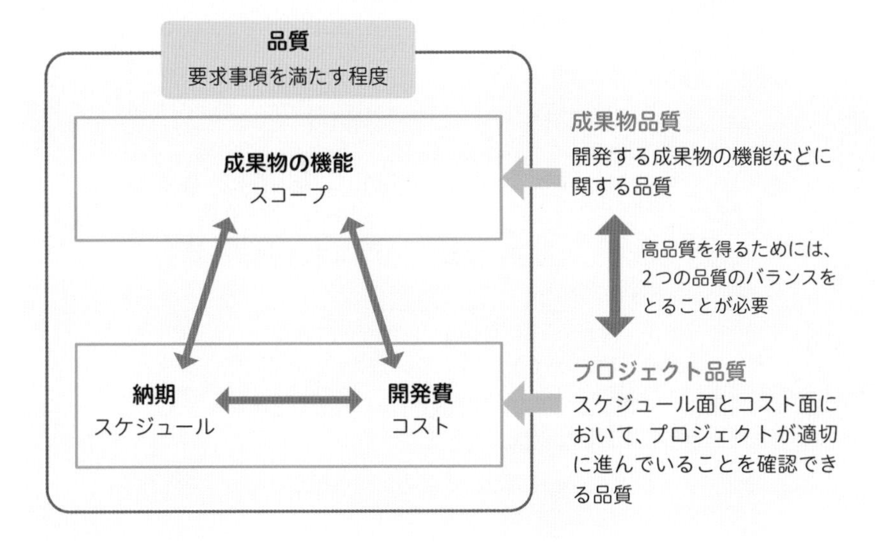

Section 36 アジャイルでの計画：プロダクトバックログ

今までウォーターフォール型プロジェクトにおける計画立案のポイントを説明してきました。ではここからアジャイル型プロジェクトにおける計画立案のポイントを確認していきます。

プロダクトバックログ

プロダクトバックログとは、ユーザーストーリーで記述された**プロダクトバックログアイテム**（Product Backlog Item：PBI）の一覧表です。アジャイル開発において、最初に作成される文書です。ユーザーストーリーとは、ユーザーが成果物の機能を通じて実現したいことを文章にした要求事項のことです。

基本的に、プロダクトバックログは顧客の立場に近いビジネスアナリストが作成するとされています。もしビジネスアナリストが組織に存在しない場合は、顧客の立場に近い営業部門が作成すると考えるのが良いでしょう。プロダクトバックログは、優先順位が高い順番に要求事項が並べてられています、優先順位が高い要求事項が詳細化されていますが、優先順位が低い要求事項は曖昧になっており、優先順位が高くなった段階でより明確な要求事項になります。

プロダクトバックログのイメージは次の表の通りです。

プロダクトバックログ（例）

No.	ユーザーストーリー	ストーリーポイント
1	オンラインショッパーとして、サイトにログインして商品を購入したい	5
2	オンラインショッパーとして、複数のアドレスを保存したいのでシステムを改善してほしい	4
3	オンラインでよく商品を購入するので、自身のオーダーを追跡するため、過去の購入履歴が確認できる機能を加えてほしい	4
4	忙しくあまり時間がないので、過去の自身が閲覧した履歴を記録できるよう、新しい検索機能を加えてほしい	3
5	女性ユーザーとして、女性向けの商品をすべて見たいため、それが可能になる機能を加えてほしい	2

プロダクトバックログのグルーミング

プロダクトバックログには、各PBIに**ストーリーポイント**という見積もり（➡Section 40）を加える場合があります。

また、プロダクトバックログは、イテレーションが始まる前に、その都度優先順位付けを確認する必要があります。このように、プロダクトバックログを定期的にレビューして優先順位付けすることを、バックログの**グルーミング**（手入れ）と言います。

基本的にバックログのグルーミングは、イテレーションの中で行うレビューやレトロスペクティブ（➡Section 38）の結果、実施される場合があります。グルーミングをすることにより、プロダクトバックログに記述されているPBIは詳細化されます。以下は、バックログのグルーミングのイメージです。

プロダクトバックログのグルーミング

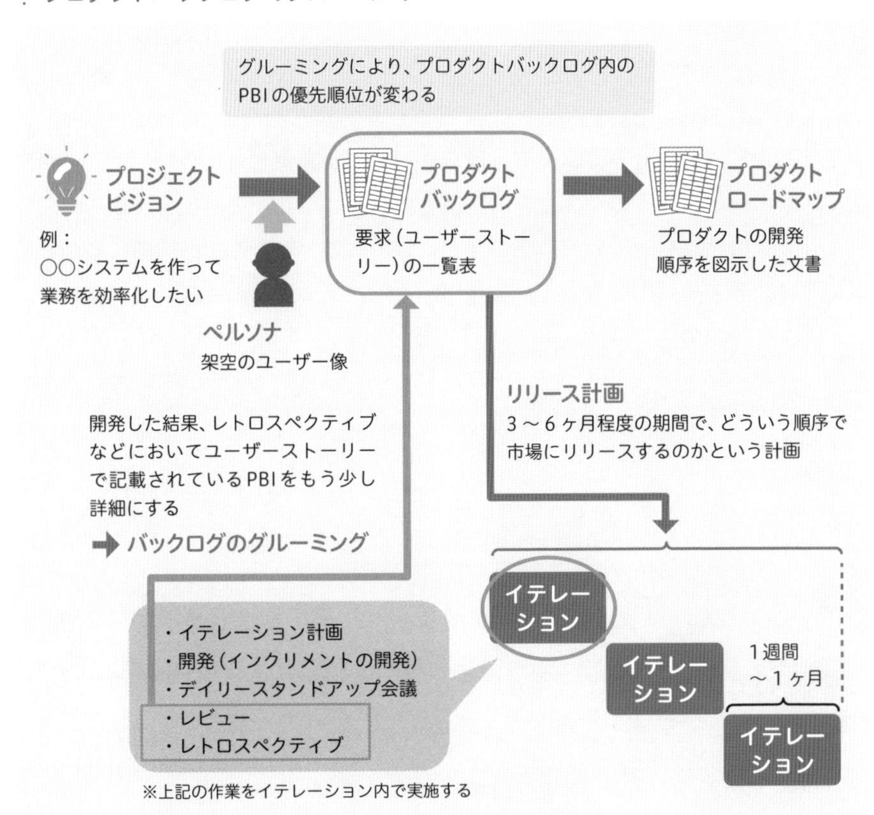

Section 37 アジャイルでの計画：リリース計画とイテレーション計画

ここでは、プロダクトバックログを作成した後の、リリース計画の作成とイテレーション計画の実施について説明します。アジャイル開発においても、徐々に計画を詳細化していきます。

リリース計画

リリース計画とは、プロダクトバックログのユーザーストーリーで記述された優先順位が高いPBI（➡Section 36）をもとに作成され、3ヶ月から6ヶ月の期間で、ユーザーストーリーで記述されたPBIをどのような順序で市場にリリースするのかを考えた計画書です。3ヶ月から6ヶ月の期間でリリースする成果物を考える理由は、市場に成果物をリリースすることで発生するかもしれないリスクを軽減するためです。

たとえば、ある完成品をプロジェクトの終了後に市場にリリースしたとします。しかしながら、その完成品に対するユーザーからの反応が十分でない場合、またはその完成品に対してユーザーからクレームが発生した場合は、それらの事象に対処するのに多くの時間とコストが必要になる場合があります。

そこで、最初から完成品を市場にリリースするのではなく、段階的に製品を市場にリリースする計画を考えます。具体例を挙げると、たとえばスマートフォンのアプリケーション、あるいは企業などのWebサイト開発などでは、段階的な製品のリリースが求められます。また、リリース計画時に、各ユーザーストーリーについてストーリーポイントの見積もりを行う場合もあります。

リリース計画

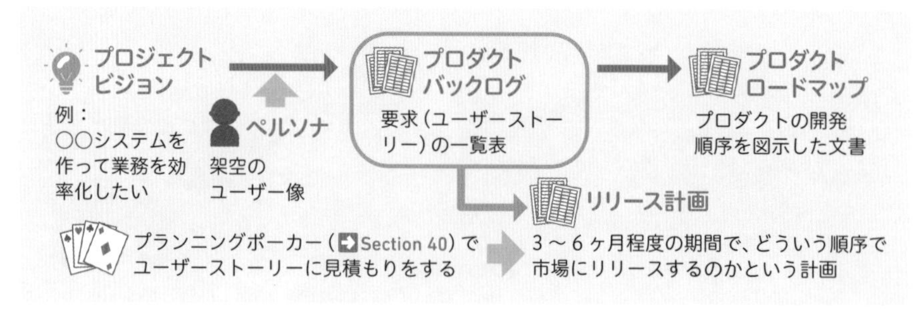

イテレーションバックログ

各イテレーションを実施する前に**イテレーション計画**を実施します。イテレーション計画を実施することで**イテレーションバックログ**を作成します。このイテレーションバックログは、カンバン、タスクボードとも言います。

イテレーションバックログでは、リリース計画で取り上げたPBIをタスクに分解し、付箋紙にタスクを記述して「ToDo」欄に貼り付けます。タスクを進めたら付箋紙を「Doing」欄に移動し、タスクが完了したら付箋紙を「Done」欄に移動させます。このイテレーションバックログを作成して利用することで、2週間で完了させるイテレーションにおけるタスクの完了、未完了を一目で把握することができます。

イテレーションバックログを作成する場合は、模造紙やホワイトボードを利用します。また、作業の透明性を担保するため、誰もが目にすることができる場所に設置することが必要と言われています。

イテレーションバックログのイメージ

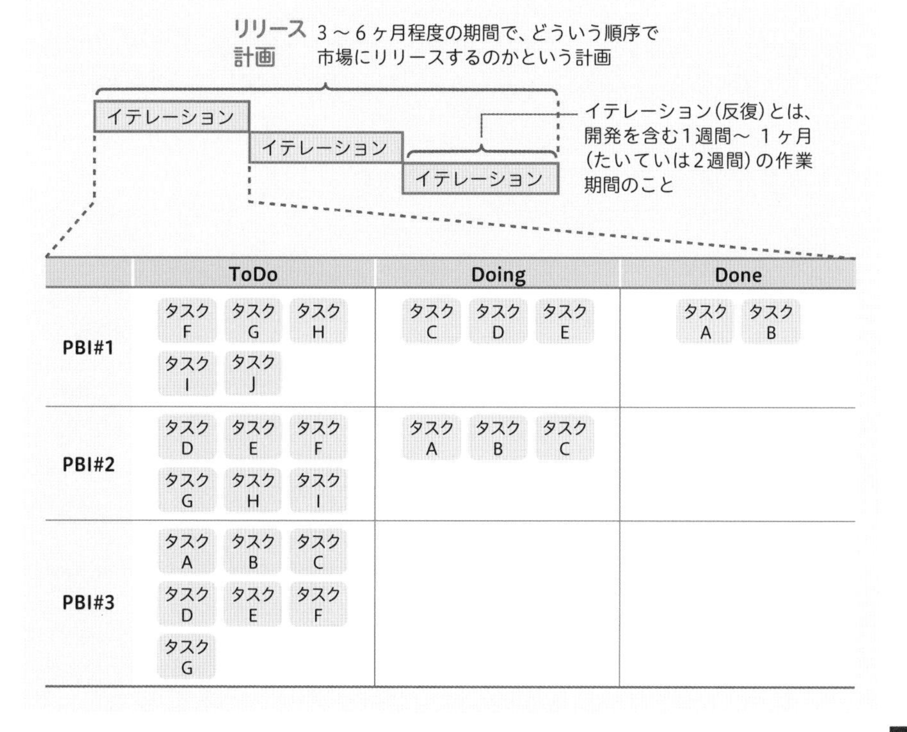

Section 38 アジャイルでの計画：イテレーションで実施する項目

ここでは、イテレーションの詳細について確認します。イテレーションとは開発を含む作業期間であり、おおよそ2週間で設定されます。この2週間の中では、開発作業以外にもいくつかの会議が実施されます。

デイリースタンドアップミーティング

デイリースタンドアップミーティングとは、チーム内での情報共有のために毎日実施する朝会をイメージすると良いでしょう。デイリースタンドアップミーティングのことを、**デイリースクラム**と言う場合もあります。

この会議で話し合うことは決まっており、「昨日は何をしたのか」「今日はこれから何をするのか」「作業を進めた中で課題は何か」という3点のみを話し合います。この3点以外のことは話し合いません。

デイリースタンドアップミーティングは15分以内に完了させる必要があり、会議が終わらないという理由で会議時間を延ばすことはありません。これは、限られた時間内で参加者を会議に集中させるためです。

また、デイリースタンドアップミーティングで課題を共有した結果、共有した課題の対応方法を検討しなければならない場合は、デイリースタンドアップミーティングが終了した後に、また別の会議を実施することがあります。

デイリースタンドアップミーティング

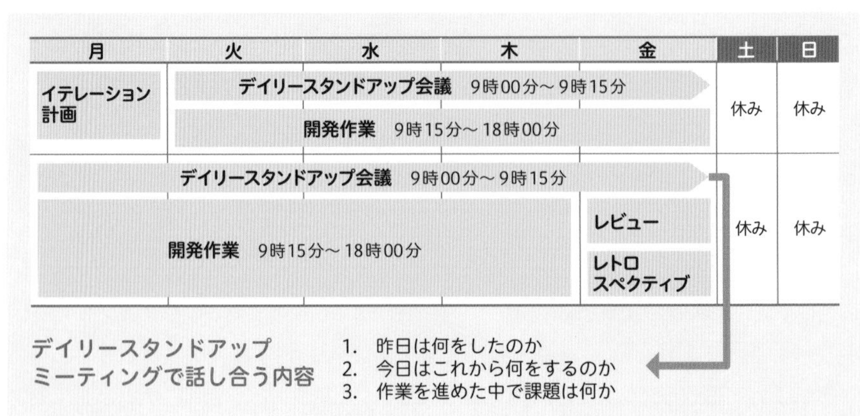

レビューとレトロスペクティブ

レビュー

イテレーションで実施することの1つに**レビュー**があります。

レビューでは、チームで開発した成果物が顧客の要求を満たしていることを確認します。ここでの成果物は、完成した製品ではありません。あくまで1イテレーションで開発したものであるため、中間成果物と考えるのが良いでしょう。この中間成果物のことを、アジャイル開発では**インクリメント**（増分）と言います。つまりアジャイル開発では、イテレーションを通じてインクリメントを開発し続けることにより、リリース可能な成果物が完成します。

レビューの目的は、「顧客などプロジェクトを依頼している人から、インクリメントに対するフィードバックを得ること」と言われています。フィードバックを得ることで、次のイテレーションで対応する必要がある改善案を検討することができます。

レビューについては、デイリースタンドアップミーティングと同様に時間を限定し、4時間以内で必ず完了させることが必要とされています。

レトロスペクティブ

イテレーションで実施することには、他にも**レトロスペクティブ**（retrospective）があります。

レトロスペクティブとは、日本語で「振り返り」という意味であり、各イテレーションの最後に行うことで該当イテレーションでの出来事などをチーム内で共有することができます。レトロスペクティブによってイテレーションの中での教訓を得ることができ、レビューと同様に、次のイテレーションで対応する必要がある改善案を考えることができます。ここでの教訓とは、プロジェクトで確認できるプラスとマイナスの出来事や、それらの出来事に対する対応のことです。

レビューとレトロスペクティブの違いは、何に焦点を当てるかです。レビューはインクリメントに焦点を当てていますが、レトロスペクティブはプロジェクトの進め方などのマネジメントに焦点を当てています。また、このレトロスペクティブについても、必ず3時間以内で完了させることが必要とされます。

Section 39 ウォーターフォール型プロジェクトの見積もり技法

各タスクの開発費は、どのように見積もるのでしょうか。ここでは、ウォーターフォール型プロジェクトでよく利用される見積もり技法として、類推見積もり・パラメトリック見積もり・ボトムアップ見積もり・3点見積もりを紹介します。

類推見積もり・パラメトリック見積もり

Section 34で開発費について確認しました。ここでは、開発費をどのようにして見積もるのかについて説明します。

見積もり方法は開発法により変わります。ウォーターフォール型プロジェクトでよく利用される見積もり方法は、大きく4つに分けることができます。まず、類推見積もりとパラメトリック見積もりの2つを確認しましょう。

類推見積もり

類推見積もりとは、過去のデータやこれまでの自身の経験を使用して各タスクの所要期間や開発費を見積もる方法です。

たとえば顧客から「どのくらいの費用になりますか？」と問われ、その場で回答しなければならない時に利用しているのが類推見積もりです。類推見積もりは、見積もりをするのにそれほど時間はかかりませんが、基本的に見積もりをする人の過去の経験やスキルが重要であるため、見積もりの精度は人によって変わってきます。

パラメトリック見積もり

パラメトリック（parametric）見積もりとは、パラメーターとなる数値を利用し、かけ算を使って見積もる方法です。

たとえばパラメトリック見積もりで各タスクの所要期間を考える場合、もし過去に1mのケーブル設置に1時間かかっていたのであれば、2mのケーブル設置にはおそらく2時間はかかるだろうと考えます。

このように、パラメトリック見積もりも類推見積もりと同様に過去の情報を利用します。そのため、過去情報の精度が低い場合は、見積もりの精度も低くなることがあります。

ボトムアップ見積もり・3点見積もり

見積もりの精度を高めるには、プロジェクトの時期に合った見積もり技法を利用すること、1つだけの見積もり技法を利用するのではなく複数の見積もり技法を利用することが必要です。それでは、残る2つの見積もり技法であるボトムアップ見積もりと3点見積もりについて確認します。

ボトムアップ見積もり

ボトムアップ見積もりとは、各タスクの情報をもとに所要期間や開発費を検討し、すべてのタスクの所要期間や開発費を集計して全体を見積もる方法です。この技法を利用すると、誰でもある程度の見積もりの正確さが担保できます。その一方で、ボトムアップ見積もりはまず各タスクの情報を特定する必要があるため、見積もりを算出するのに時間がかかってしまう場合があります。

3点見積もり

3点見積もりとは、各タスクの所要期間と開発費において、「所要期間や開発費が多く発生する最悪のケース（悲観値）」「所要期間や開発費が想定通りのケース（最可能値）」「所要期間や開発費を想定よりも抑えられたケース（楽観値）」を特定し、平均値を算出する方法です。

過去に同じような経験をした経験者へのインタビューをもとに、悲観値・最可能値・楽観値という3つの数値を特定します。そのため、経験者の主観によって悲観値と楽観値が大きく離れてしまうケースもあります。妥当な平均値を算出するために、最も可能性が高い最可能値に加重し、加重平均を算出する方法もあります。このように3点見積もりも、類推見積もりやパラメトリック見積もりと同様に過去情報を利用して算出します。

加重平均を算出する3点見積もりの計算例は以下の通りで、ここでは数字の頭数の6で割っています。

加重平均 = (1 × 楽観値 + 4 × 最可能値 + 1 × 悲観値) ÷ 6

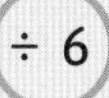

Section 40 アジャイル型プロジェクトの見積もり技法

次に、アジャイル型プロジェクトにおける見積もり技法を紹介します。アジャイル型プロジェクトではウォーターフォール型プロジェクトとは異なり、各ユーザーストーリーに対して見積もりをします。

ストーリーポイント

アジャイル型プロジェクトにおいては、各ユーザーストーリーに対して見積もりをします。ユーザーストーリーは、ユーザーが成果物の機能を通じて実現したいことを文章にした要求事項のことです（➡Section 36）。

アジャイル型プロジェクトにおける見積もりでは、工数や所要期間、開発費のような具体的な数値を算出するのではなく、規模感を示す**ストーリーポイント**で見積もりをします。たとえば、あるホームページの単純な変更を行った場合、その作業にかかった労力を「1ストーリーポイント」とします。次に、その変更よりも高度な技術が求められる場合には、メンバーと話し合いながら該当するストーリーポイントを決めます。

ストーリーポイントに工数を割り当てることで、具体的な数値を算出することもできますが、アジャイル型プロジェクトでは規模感を示すストーリーポイントで考えるケースが多いです。その理由は主に2つです。

1つ目は、そもそもストーリーポイントは不測の事態を考慮しているため、あえてコンティンジェンシー予備を考える必要がなく、管理がしやすいという点です。そして2つ目は、ストーリーポイントで見積もることにより、仮に変更が発生した場合にも、具体的な所要期間やコンティンジェンシー予備を含む開発費で見積もりをした時よりも、容易かつ柔軟に対処できるためと言われています。

ストーリーポイント

ストーリーポイントは「規模感」で見積もる

・ストーリーポイントで考えることで管理しやすい
・ストーリーポイントで考えることで変更に柔軟に対応できる

プランニングポーカーとTシャツサイジング

プランニングポーカーとは、アジャイル型プロジェクトでよく利用される見積もり技法です。

プランニングポーカーでは、まずメンバーにストーリーポイントが記述されているカードを数枚渡します。ファシリテーター役のプロジェクトマネジャーがユーザーストーリーで記述されている要求事項を読み上げ、会議に参加しているメンバーは、要求事項に見合うと考えるストーリーポイントが記述されたカードをその場に同時に提示します。

仮にメンバーが4名いて、3名がストーリーポイント3のカードを提示し、1名がストーリーポイント5のカードを提示したとします。この場合はリスクを考慮して、ストーリーポイントが大きい5のカードを採用します。もし、3名がストーリーポイント3のカードを提示し、1名がストーリーポイント3とは大きく異なる13のカードを提示した場合は、4名での話し合いが必要です。

また、**Tシャツサイジング**という技法では、チーム内でユーザーストーリーを確認して話し合いながら規模感を示すTシャツのサイズに分類します。

ウォーターフォール型プロジェクトで利用される見積もり技法は、見積もりをする人の経験に依存する場合があります。一方、アジャイル型プロジェクトでよく利用されるプランニングポーカーやTシャツサイジングは、基本的にチーム内での話し合いや確認が必要です。話し合いや確認が可能である理由は、アジャイル型プロジェクトはウォーターフォール型プロジェクトと異なり、メンバーの数が少数であるためです。

Tシャツサイジング

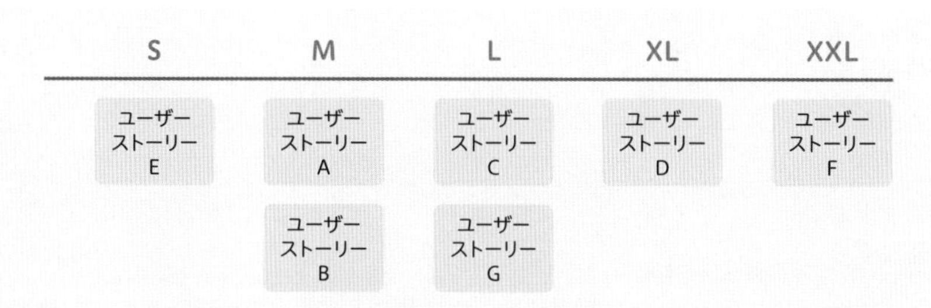

Section 41 プロジェクト計画立案のポイントと注意点

ここまで、ウォーターフォール型プロジェクトとアジャイル型プロジェクトの計画立案について説明してきました。ここでは、2つのプロジェクトにおける計画立案の特徴を比較してみます。さらに、計画立案において注意すべきことをまとめます。

ウォーターフォールとアジャイルの計画の違い

前のセクションまでで、ウォーターフォール型プロジェクトとアジャイル型プロジェクトの計画立案について説明しました。それぞれがどのように違うのか、下記の表にまとめたので確認します。

ウォーターフォールとアジャイルの計画の違い

項目	ウォーターフォール型	アジャイル型
適性	建設系のプロジェクトなど成果物の規模が大きい場合に利用しやすい。完成した成果物を提供する	スマートフォンのアプリケーション開発など成果物の規模が小さい場合に利用しやすい。段階的に成果物を市場にリリースする
要求事項を収集する	各ステークホルダーの要求事項を引き出して、要求事項文書に要求事項をまとめる	各ステークホルダーの要求事項をユーザーストーリーとして記述し、プロダクトバックログにPBIとしてまとめる
作業項目まで明確にする	要求事項からプロジェクトで開発する成果物を定義し、1週間から2週間程度で完了する作業項目（ワークパッケージ）まで分解する	優先順位の高いPBIをもとに3ヶ月から6ヶ月の期間で実現したいことを考え、リリース計画を考える
タスクまで明確にする	ワークパッケージからタスクを検討し、必要な資源と所要期間を考える	リリースに向けて、基本的に2週間単位でのイテレーションを考える

たとえばアジャイルでは要求事項のことをユーザーストーリーと言うなど、名称の違いはありますが、「分かる範囲で計画を詳細化する」という点については、

大きな違いはないと思います。アジャイルの場合、リリース計画に基づき段階的に開発した成果物を市場にリリースするため、計画立案における変化には柔軟に対応しやすいと思われます。

プロジェクトの計画立案において注意すべきこと

本書では、プロジェクトの計画立案に関してさまざまな内容を解説してきました。ここで、計画立案の際に注意すべき点をまとめましたので、今までの振り返りとして確認してください。

プロジェクトの計画立案におけるポイントと注意点

項目	内容
要求が変わりやすいプロジェクトの対応	どのような開発法を利用していたとしても、分かる範囲で要求事項を引き出し計画を立案することが必要
ファシリテーション技法	ファシリテーション技法では拡散が重要。いかに多くの要求事項を引き出すことができるのかという点がポイントになる。中途半端な拡散だと上手く収束することができず、また追加の要求が発生しやすくなる場合もある。収束の方法として親和図が利用できる
WBSとガントチャートの違い	理論上は、WBSとは樹形図のような構造を示す。しかし一般的には、WBSと言うとガントチャートを示しているケースもある。WBSのことをPBS(Product Breakdown Structure)という場合もある
バッファの管理	バッファのことをコンティンジェンシー予備という場合があるが、誰がバッファを管理するのかがポイントになる。仮にメンバーにバッファの管理をさせている場合は、バッファの適正量を確認する必要がある
マネジメント予備	さまざまな変化が発生する現在、コンティンジェンシー予備を含む開発費だけでなく、マネジメント予備を設定することも必要になるかもしれない。そのため誰がマネジメント予備を管理しているのかを事前に確認する必要もある
品質の定義	品質には、成果物品質とプロジェクト品質が存在する。高品質を得るためには2つの品質のバランスをとる必要がある

Section 42 メンバーのやる気を高めるための計画とは

時間がないという理由や、メンバーの能力を考慮した結果、トップダウンで計画を立ててしまうケースもあると思います。しかしながら、トップダウンの計画立案は本当に妥当な方法なのでしょうか。以降で詳しく見ていきます。

トップダウンによる計画を立案したプロジェクト

これも筆者の知り合いのプロジェクトマネジャーが経験した出来事です。

そのプロジェクトは、顧客から提示された納期がかなり厳しいプロジェクトでした。プロジェクトにアサインされたメンバーのスキルや経験も十分ではなかったため、プロジェクトマネジャーはメンバーに相談することなく、自身の経験を利用しながら、プロジェクトの方針はもちろん計画についてもすべて自ら決定し、メンバーに作業指示をしていました。

最初のうちはとくに文句もなく、メンバーもプロジェクトマネジャーが作成した計画に基づいて作業を進めていました。むしろ、その計画を歓迎するメンバーがいるほどでした。

しかしながら、作業を進めていくと徐々にメンバーから文句が出てくるようになっていました。「プロジェクトマネジャーの言う通りにやっているのに上手くいかなかった」といったコメントもあれば、「なぜこの計画通りにやらないといけないのか！」「この計画は顧客目線になっていないから妥当ではない！」「こんなプロジェクトをやっても失敗するだけだ！」など、協働するメンバーからのコメントとして相応しくないものもありました。

プロジェクトマネジャーは、プロジェクトの途中で大きく計画を変更することができず、ほぼすべての作業をメンバーに無理強いをするような形で進めることになりました。最終的には顧客と交渉し、妥協案を提示して顧客の期待を調整することはできましたが、このプロジェクトで当初想定していた成果を得ることはできませんでした。

おそらくこのプロジェクトマネジャーは、厳しい納期やメンバーのスキル・経験不足という点から焦っていたのかもしれません。この焦りが、今回は悪い方向に向かってしまった可能性があります。

計画に余裕をもたせる

筆者は、トップダウンによる計画の立案が必ずしも悪いことだとは思いません。今回の事例のように、メンバーの経験やスキルが明らかに十分でない場合は、プロジェクトマネジャーの経験をもとに計画を考えることは必要です。ここで注意すべきなのは、完全に作成されて与えられた計画は、メンバーからすると利用しやすいものではない可能性が高いということです。

仮に、プロジェクトの方針や目的についてプロジェクトマネジャーが設定し、プロジェクトの初期にはプロジェクトマネジャーが計画を立案した場合でも、徐々にメンバーが計画を立案できるように考えておく必要があります。つまり、プロジェクトマネジャーがすべてを考えるのではなく、ある程度の余裕を設けておくということです。こうした余裕がない場合、メンバーは自身の意思で動くことできないため、人によっては「やらされているだけ」という認識を持つ可能性があります。

メンバーが徐々に計画を立案できるようにするには、メンバーのスキル向上はもちろん重要ですが、メンバーのエンゲージメントが確認できるよう適宜コミュニケーションがとれる計画を考える必要があります。エンゲージメントについてはSection 47でもあらためて説明します。

計画に余裕をもたせるためのポイント

ポイント①:
プロジェクトマネジャーが完全に計画を作成せず、
プロジェクト計画はある程度の余裕を設けておくことが必要

ポイント②:
メンバーのエンゲージメントを確認できるよう、
適宜コミュニケーションがとれるような計画が良い

メンバーの「やらされている」という感覚を防ぐ

Section 43 役割と責任の設定

メンバーのエンゲージメントを高める上で、役割と責任を与えることは重要な要素です。では役割と責任はどのように設定すれば良いのでしょうか。ここでは、RACIチャートと資源マネジメント計画書について確認します。

RACIチャート

RACI（レイシィ）チャートとは、責任分担マトリクス（Responsibility Assignment Matrix：RAM）の一種です。責任分担マトリクスとは、各資源と活動を結び付け、各資源に与える役割と責任を定義する時に生成される文書です。

RACIチャートは、「実行責任（responsible）」「説明責任（accountable）」「相談対応（consult）」「情報提供（inform）」の頭文字をとったもので、以下の図のようにRは作業者、Aは該当作業の責任者、Cがアドバイザー、Iが報告を受ける人という役割になります。

ここでのポイントは、説明責任を除く他の役割は複数人いる場合がありますが、説明責任は必ず1名のみであること、そして、説明責任にどの程度の責任と権限を与える必要があるのかを検討する必要があることです。なお、プロジェクトマネジャーや各メンバーに与える責任と権限は、組織構造（Section 08）の影響を大きく受けます。

RACIチャートは、以下のように独立した文書として作成する場合もあれば、状況によっては各資源の役割と責任についてガントチャートに記載する場合もあります。

RACIチャートのイメージ

RACIチャート	担当者				
アクティビティ	松本	神崎	嶋野	高谷	池谷
プロジェクト憲章作成	A	R	C	I	I
ステークホルダー登録簿作成	R	A	C	C	I
要求事項文書作成	I	A	R	R	C
プロジェクトスコープ記述書作成	A	C	I	I	R

R:実行担当者／A:作業責任者／C:アドバイザー（助言役）／I:報告を受ける人

資源マネジメント計画書

役割と責任を明確にする場合は、該当するメンバーと話し合いながら、各個人の特性を考慮して決定する必要があります。ここでのポイントは、一方的に役割と責任を押し付けないことです。メンバーには、なぜその役割と責任をお願いしたいのかという背景を説明することが必要です。

役割と責任を押し付けてしまうと、それがプレッシャーになってしまい、メンバーのエンゲージメントが減退する可能性があります。逆に言えば、上手く役割と責任を与えることで、エンゲージメントを高める1つの手段になる場合もあるのです。

各資源への役割と責任を明確にしたら、各メンバーへのOJTやOFF-JT、表彰や報奨などの育成方法やメンバーの管理方法、プロジェクトの体制図を決定します。育成方法については行き当たりばったりではなく、OJTであっても計画立てて戦略的に考えるのが妥当です。こうした情報を含む文書を**資源マネジメント計画書**と言いますが、多くのプロジェクトではプロジェクトの体制図のみを定義する場合が多いです。

資源マネジメント計画書の記述項目については以下の通りです。皆さんが担当しているプロジェクトにおいて近い文書を想定してみましょう。

資源マネジメント計画書の主な記述項目

資源マネジメント計画書の記述内容

- RACIチャートをもとにした各メンバーの
  役割と責任と権限
- プロジェクトの体制図
- OJTやOFF-JTなどの育成方法
- チームのマネジメント方法
  (メンバーの管理方法、メンバーをリリースする基準)
- 表彰と報奨の方法

Section 44 チームのルール作りとチーム憲章

ここでは、チームのルール作りに関する重要な文書の1つであるチーム憲章について解説します。また、メンバーへの期待をチームの成長に繋げる理論として、ホーソン効果とピグマリオン効果についても確認します。

チーム憲章

チーム憲章（Team Charter）とは、メンバーに対して求める行動や期待について記述した文書であり、チームのルールを規定した文書です。基本的にメンバーは、このチーム憲章に基づき行動します。チーム憲章の記述項目については以下の図の通りです。

皆さんが関わるプロジェクトでは、チーム憲章という文書を作成することはあまりないかもしれません。しかしながら、下図のチーム憲章の主な記述項目を確認すると、普段も何となくチーム内で決定している内容であることが分かるのではないでしょうか。

現在ではさまざまな環境の変化により、多くの方がリモートワークでプロジェクト業務を進めていると思います。リモートワークを利用してプロジェクト業務を進める過程においては、人に関するさまざまな課題が発生しているのでないでしょうか。これらの課題の根本的な原因は、もしかしたら「チーム憲章で決定しておくべき内容が明確でなかった」ことが原因かもしれません。

チーム憲章の主な記述項目

チーム憲章の記述内容

- チームで共有する価値観
- 会議の進め方を含む、コミュニケーションをとるためのルールやガイドライン
- チームの意思決定の基準
- いざこざの解決方針
- コアタイムなどの、チーム内でのルール

ホーソン効果とピグマリオン効果

役割と責任をメンバーに与える場合には、その背景を説明することが必要だとすでに説明しました。さらに、プロジェクトマネジャーとしてメンバーを含む各ステークホルダーに期待していることを明確にするのも、プロジェクトを進める上で必要なアクションです。おそらく皆さんも、メンバー、また場合によっては顧客に対して期待しているのではないでしょうか。

チームやメンバーへの期待に関連してよく利用される理論として、**ホーソン効果**と**ピグマリオン効果**があります。

ホーソン効果とは、注目や期待をされることで、その注目や期待に応えようと思い各人が行動に変化を起こし、結果的に良い方向に向かおうとするという効果です。一方のピグマリオン効果は、心理学者のローゼンタールが提唱した理論です。これは、ギリシャ神話に登場するピグマリオン王が、恋い焦がれた女性の彫像を思い続けることで人間化したという神話がベースになっている、教育心理学における理論です。つまりいずれの理論も、「人は期待することで成長する」というものなのです。

しかしながら、プロジェクトマネジャーの期待をチームやメンバーに対して誤った形で伝えてしまうと、正しい結果に結び付かなくなります。具体的には、各ステークホルダーに対して漠然と期待するのではなく、プロジェクトの目標を達成するために各人の目標を考え、その目標をもとに期待する内容を明確にすることが必要です。そして、こうした期待事項もプロジェクトの計画時に考えておくべきでしょう。

人は、期待されないことによって成果がより下がってしまう場合もあります。これを**ゴーレム効果**と言います。プロジェクトマネジャーはゴーレム効果にも注意する必要があります。

ホーソン効果とピグマリオン効果

ホーソン効果　ピグマリオン効果

➡ **期待する（任せる）ことで人は成長する**

「漠然と期待する」のではなく、プロジェクトの目標をもとに、各ステークホルダーに対して「期待することを計画する」

Section 45 コミュニケーションの方法

メンバーのエンゲージメントを高めるためには、コミュニケーションの方法を決めることも必要です。それでは、どのようにしてコミュニケーションの方法を決めるのでしょうか。また、どのような内容を決めておく必要があるのでしょうか。

コミュニケーション要求事項 

「とりあえず会議を設定しよう」という考え方も、情報を共有する点では重要です。しかしながら、各ステークホルダーのエンゲージメントを高めるという意味では妥当な方法とは言えません。

会議を設定するのであれば、事前にいくつかの要素を検討しておく必要があります。その1つ目が**コミュニケーション要求事項**です。これは、情報の詳細度も含めそもそもどのような情報を必要としているのか、メール・電話・対面などどのように情報を受け取りたいのか、情報を受け取りたいと考えている頻度と時期といった内容です。

こうしたコミュニケーション要求事項は、各ステークホルダーの役割によってはプロジェクト進行中に把握できる部分もあります。しかしながら本来は、事前に各ステークホルダーにインタビュー／アンケートなどを実施して確認することが必要でしょう。

コミュニケーション要求事項を明確にすることで、適切な情報を適切な方法で必要とする人に伝達でき、大きなトラブルを招く可能性が低くなります。また、各ステークホルダーのエンゲージメントにも影響を与えます。

コミュニケーション要求事項

コミュニケーション要求事項

- 情報を受け取る方法はメール、電話、対面形式のどれが良いのか
- どの程度の頻度の報告が良いのか
- どの程度の詳細な情報を期待しているのか

結果として、適切なコミュニケーションにより、
大きなトラブルを招く可能性が低くなる

コミュニケーション方法

コミュニケーションを設定する際に検討すべき2つ目はコミュニケーション方法です。コミュニケーション方法は、**双方向コミュニケーション**、**プッシュ型コミュニケーション**、**プル型コミュニケーション方**の3つに分けることができます。

双方向コミュニケーションは、ある議題について各ステークホルダーが共通の理解を得るため、そしてその結果として相手を説得するために利用される方法です。対面での会議、電話、Zoomなどのオンラインツールを利用したテレビ会議などが含まれます。

プッシュ型コミュニケーションは、特定の個人に情報を送信する方法です。情報は確実に配布されますが、それが実際に意図した受け手に届いたか、また理解されたかを保証するものではありません。主に手紙、メモ、メール、ファックス、ブログ、プレスリリースなどが含まれます。

プル型コミュニケーションとは、情報量が大量であったり、受け手の人数が非常に多かったりする際に使用される方法です。受信者が必要だと思った時に、自身の意思でコミュニケーションの内容にアクセスする必要があります。主にWebポータル、イントラネットサイト、eラーニング、各組織に存在する知識レポジトリなどが含まれます。

これらの3つのコミュニケーション方法を、用途に応じて上手く利用する必要があります。たとえば相手を説得したいにも関わらずメールのみで連絡をすること、相手からの返信がないので何度もメールを送信するといったアクションは、適切なコミュニケーション方法を選択しておらず、コミュニケーションにおいて相手に不快感を与えている可能性もあります。

さまざまなコミュニケーション方法

- 双方向コミュニケーション：対面での会議、電話、テレビ会議
- プッシュ型コミュニケーション：手紙、メモ、メール
- プル型コミュニケーション：イントラネットサイト、知識レポジトリ

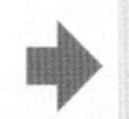

プロジェクト計画時に用途に応じて
上手く利用することを考える

送信者の責任、受信者の責任

コミュニケーションを設定する際に検討することの3つ目は、**送信者と受信者の責任**を定義することです。つまり、コミュニケーションを行う送信者（情報を送信する人）と受信者（情報を受け取る人）の間での情報のやり取りを定義する必要があります。送信者と受信者の責任を定義することにより、たとえばメールを送信する際に気になる人を全員ccに加えるなどといった、あまり効果のないコミュニケーションを減らすことができます。

情報を送信する人は、メッセージを送信すること、伝達される情報が明確で完全であることを確実にすること、メッセージが正しく解釈されているかを確認することに責任があるとされています。ここでのポイントは、「情報を送信する人は情報を伝達するだけではない」という点です。

一方で情報を受け取る人は、情報を完全な形で受け取り、正しい解釈、および適切な受信確認や応答を確実に行う責任があるとされています。以下は、送信者と受信者の責任を示した図です。

送信者と受信者の責任

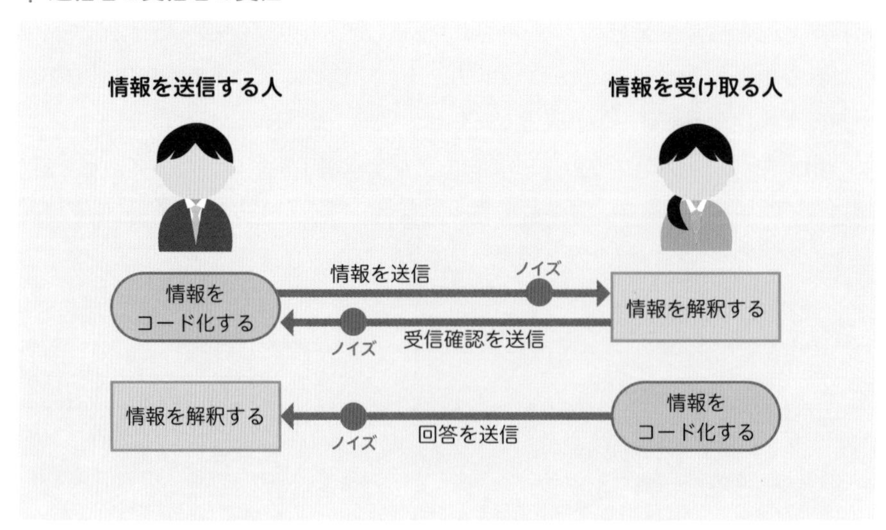

この図におけるノイズとは、情報を受け取る人の心の状況や、知識、背景、人格、文化、通信環境などが該当します。情報を伝達する場合は、双方のノイズを考慮する——つまり相手に配慮したコミュニケーションが必要です。

コミュニケーションマネジメント計画書

各ステークホルダーのコミュニケーション要求事項を特定し、用途に応じたコミュニケーション方法を検討し、送信者と受信者の責任を定義した後は、プロジェクト内で実施する会議について検討する必要があります。

しかしながら、会議を検討する際には、コミュニケーションの要求事項やコミュニケーション方法、送信者と受信者の責任までを考慮するケースは多くないと思います。これまでも実施していた会議の方法を振り返って、「本当に今まで実施していた会議は妥当な方法だったのか」という点から改善案を考えることが良いでしょう。

会議予定を検討することにより、**コミュニケーションマネジメント計画書**が作成されます。コミュニケーションマネジメント計画書の主な記述内容は以下の通りです。皆さんのプロジェクトで作られている役割の近い文書は何か、を想像してみましょう。

コミュニケーションマネジメント計画書の主な記述項目

コミュニケーションマネジメント計画書の記述内容

- 各ステークホルダーのコミュニケーション要求事項
- エスカレーションプロセス
- 情報を共有する時期と頻度
- 会議予定を含めた、その他の情報伝達手段
- 情報を受け取る個人やグループ
- 情報伝達や機密情報の責任者

なお、コミュニケーションマネジメント計画書に記述する**エスカレーションプロセス**とは、自身の許容範囲を超えた事象が発生した場合の、その事象を解決できる意思決定者への連絡経路のことです。

アジャイル型プロジェクトでは、コミュニケーションマネジメント計画書を代替する文書はチーム憲章が該当します。

Section

46 バーバルとノンバーバル

コミュニケーションは、主にバーバルとノンバーバルに分けることができます。バーバルとは言語のこと、またノンバーバルとは非言語のことです。この分類は、コミュニケーションの計画を考える上で重要な内容です。以下で確認していきましょう。

メラビアンの法則

前のセクションでは、会議などのコミュニケーションを設定する場合に必要なことを説明しました。

コミュニケーションは、主に**バーバル**(verbal：言語)と**ノンバーバル**(non-verbal：非言語)に分けることができます。

以下の図を見ると分かりますが、自分の意思を相手に伝える時、言語が占める割合は全体の7%しかありません。つまり、メールだけで伝達できるのは、本当に伝えたいことの7%分だけということです。メールで伝達したことを電話などの音声で補うことによって38%が加わり、相手と対峙し話し合うことで非言語である残りの55%を補うことができます。この考え方は、心理学者アルバート・メラビアンが提唱した理論であり、**メラビアンの法則**と言います。

プロジェクトを進めていく中で、相手とコミュニケーションをとる際には、こうした考え方がとても重要な要素になります。

メラビアンの法則

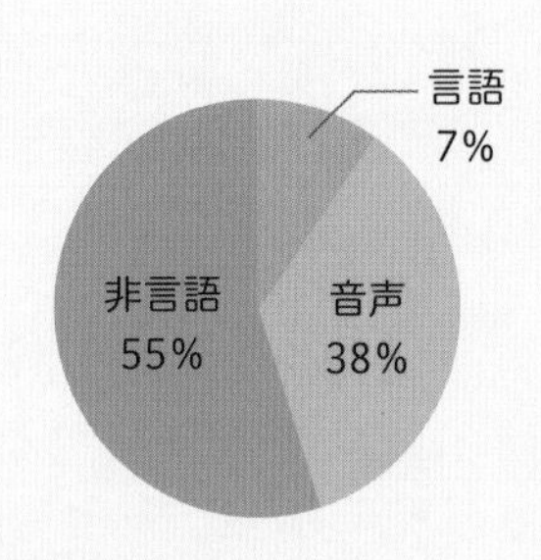

■ 言語 7%　：メールなどでの表現
■ 音声 38%　：電話などの口調・声の大きさ
■ 非言語 55%：表情・態度・見た目など

→ メールだけでは意思を伝えることが難しい。自身の意思を上手く伝えるにはノンバーバルの要素が重要

リモートワークで非言語は十分なのか

メラビアンの法則から、非言語が重要な要素であることはお分かりだと思います。たとえばメールでやり取りをしている時に相手に対して不快な印象を受けたとしても、いざその相手と対面すると、メールでの印象とは異なることも多いはずです。これは非言語の影響を受けたためです。

前述した通り、メールだけで相手を説得することは、メラビアンの法則の観点からしても妥当な方法とは言えません。しかしながら、最近では環境の変化により、Zoomなどのオンラインツールを利用したリモートワークが増加しています。これにより、自然と非言語の要素が弱くなり、言語の要素が強くならざるを得ないと感じます。筆者の知り合いのプロジェクトマネジャーからも、同様の話をよく聞きます。

それでは、オンラインツールでは非言語の要素を高めることはできないのでしょうか。筆者は決してそのようなことはないと考えています。たとえばメンバー間で話し合いをする場合、会議の内容次第ではカメラをONにして参加したり、雑談ができるような会議を別に計画したりするなど会議のルールを事前に決めておくことで、ある程度、非言語の要素を高めることはできるでしょう。

オンラインツールでは、非言語の要素が低くなる一方で、音声を含む言語の要素は高くなります。また、相手とのやり取りについて証跡を残しやすくなるという点もメリットの1つです。オンラインツールも使い方次第であり、非言語の要素を維持しつつ、言語の要素を十分に利用することも可能になるのではないかと思います。

リモートワークで非言語を維持するための方法

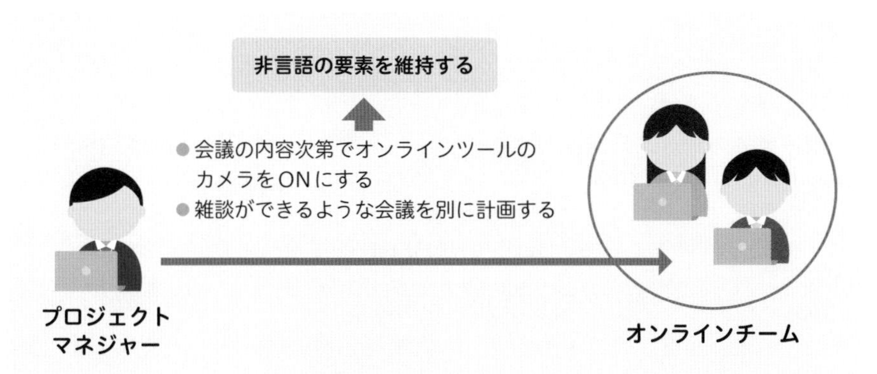
非言語の要素を維持する
●会議の内容次第でオンラインツールのカメラをONにする
●雑談ができるような会議を別に計画する
プロジェクトマネジャー
オンラインチーム

Section 47 ステークホルダーのエンゲージメント

ステークホルダーのエンゲージメントを確認するコミュニケーションをとるには、どのような方法が妥当でしょうか。ここでは、エンゲージメントを高めるコミュニケーション戦略や、ステークホルダーエンゲージメント計画書について解説します。

ステークホルダーのやる気を高める

ステークホルダーのエンゲージメントを高めるには、コミュニケーションが重要であることはお分かりだと思います。また、そのようなコミュニケーションは戦略的に行う必要があります。

戦略がまったくないままにコミュニケーションをとると、対象者のエンゲージメントは高めづらくなります。たとえば、現在のプロジェクトへの関与度が低いステークホルダーに対し、エンゲージメントを高めたいと考えているとします。ところが、そのステークホルダーに対するコミュニケーション戦略がチーム内で統一されていなければ、エンゲージメントを望ましいレベルまで高めづらくなります。

そこで、以下のような図を作成し、コミュニケーションのとり方についてチーム内で共通認識を持つようにします。現在の関与度を特定する際は、一部のメンバーと話し合いながら決めることが必要です。ステークホルダーのエンゲージメントは、大きく「抵抗」「中立」「支持」の3つに分けるのが妥当です。

ステークホルダー関与度評価マトリクス（例）

ステークホルダー名	抵抗	中立	支持
宗村 邦恵			C・D
水谷 葉子		C →	D
日下部 拓也	C →	D	

コミュニケーションのとり方に共通認識を持つ

C：current（現在）　／　D：desired（求められる）

- 抵抗：プロジェクトに協力しない抵抗勢力。文句を言うなど何かと邪魔をする
- 中立：抵抗もせず支持もしない。指示をしないと動かない
- 支持：プロジェクトの状況を把握して、自ら能動的に作業を進める

ステークホルダーエンゲージメント計画書

前ページに掲載した、各ステークホルダーの現在のエンゲージメントと求められるエンゲージメントを表にして示したものを**ステークホルダー関与度評価マトリクス**と言います。

実は、知り合いのプロジェクトマネジャーの間では、ステークホルダー関与度評価マトリクスを作成している人はあまり多くありません。ステークホルダー関与度評価マトリクスには機微な情報を含むため、おそらく多くの人は頭の中で各ステークホルダーのエンゲージメントをイメージしているのだろうと思います。しかしながら、ステークホルダーの数が多いプロジェクトでは、各ステークホルダーへのコミュニケーションを考える上で必要なツールだと考えます。

ステークホルダー関与度評価マトリクスを利用して作成する計画書を、**ステークホルダーエンゲージメント計画書**と言います。以下に例を挙げますので、確認していきましょう。

ステークホルダーエンゲージメント計画書（例）

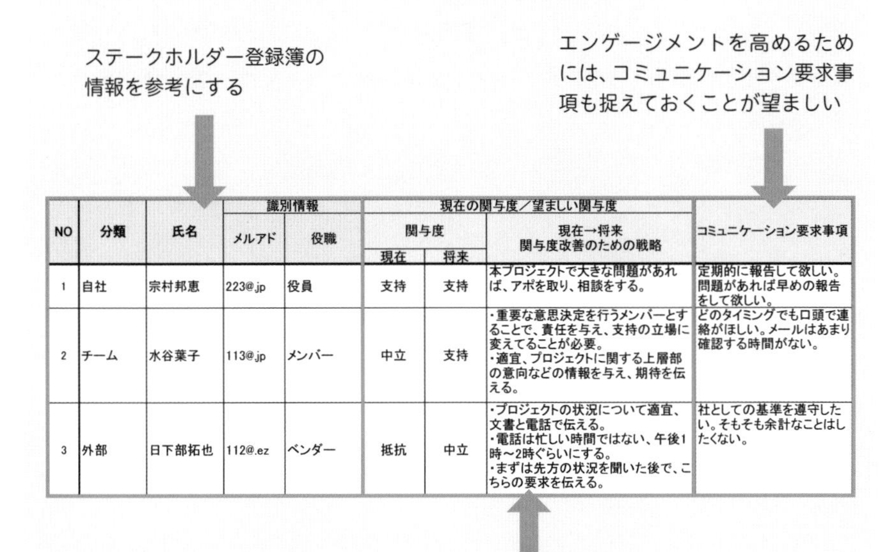
ステークホルダー登録簿の
情報を参考にする
エンゲージメントを高めるため
には、コミュニケーション要求事
項も捉えておくことが望ましい
エンゲージメントを「求められる」レベルまで
高めるための具体的な方法を記述する

NO	分類	氏名	識別情報		現在の関与度／望ましい関与度			コミュニケーション要求事項
			メルアド	役職	関与度		現在→将来 関与度改善のための戦略	
					現在	将来		
1	自社	宗村邦恵	223@.jp	役員	支持	支持	本プロジェクトで大きな問題があれば、アポを取り、相談をする。	定期的に報告して欲しい。問題があれば早めの報告をして欲しい。
2	チーム	水谷葉子	113@.jp	メンバー	中立	支持	・重要な意思決定を行うメンバーとすることで、責任を与え、支持の立場に変えてることが必要。 ・適宜、プロジェクトに関する上層部の意向などの情報を与え、期待を伝える。	どのタイミングでも口頭で連絡がほしい。メールはあまり確認する時間がない。
3	外部	日下部拓也	112@.ez	ベンダー	抵抗	中立	・プロジェクトの状況について適宜、文書と電話で伝える。 ・電話は忙しい時間ではない、午後1時～2時ぐらいにする。 ・まずは先方の状況を聞いた後で、こちらの要求を伝える。	社としての基準を遵守したい。そもそも余計なことはしたくない。

Section 48 コミュニケーションとエンゲージメントのポイントと注意点

ここでは、筆者がコミュニケーションのポイントとして考える配慮と能動性について説明します。また、ここまで解説をしてきたコミュニケーションやエンゲージメント調整における注意点をまとめて説明します。

配慮と能動性

すでにご存知の通り、コミュニケーションとエンゲージメントはそれぞれが独立したものではなく、エンゲージメントを調整するためにはコミュニケーションが必要なツールとなります。

筆者はこれまでの経験から、コミュニケーションにおいては**配慮**と**能動性**が重要であると考えています。

配慮とは、相手の立場・スキル・背景・経験などを考慮することであり、主観で考えるのではなく、自身の思考について常に客観的に確認することです。配慮については、「送信者と受信者の責任」（➡Section 45）で多少触れましたが、配慮がないコミュニケーションは一方的な情報伝達手段でしかありません。情報伝達はもちろん必要ですが、配慮がないコミュニケーションではエンゲージメントを調整できません。

一方の能動性とは、自らコミュニケーションを積極的にとり、状況を適宜確認しながらメンバーをけん引することです。戦略もなしに、能動的なコミュニケーションによってメンバーのエンゲージメントを高めることはできません。つまり、ステークホルダーのエンゲージメントを調整するには、相手を配慮した能動的なコミュニケーションが必要です。皆さんのプロジェクトではいかがでしょうか。自身の業務を思い返してみましょう。

配慮と能動性

配慮	相手の立場・スキル・背景・経験などを考慮する
能動性	自らコミュニケーションを積極的にとり、メンバーの状況を適宜確認しながらけん引する

エンゲージメントを調整しやすくなる

コミュニケーションやエンゲージメント調整で注意すべきこと

ここまで、コミュニケーションとエンゲージメントの調整の計画として、いくつかの内容を解説しました。ここまでの解説内容を以下の表にまとめましたので、今までの振り返りとして確認してください。

「コミュニケーションとエンゲージメントの調整の計画」におけるポイント

項目	内容
RACIチャート	各資源に与える役割と責任を定義する文書。該当するメンバーと話し合いながら各個人の特性を考慮し、決定する必要がある。一方的に役割と責任を押し付けないこと。役割と責任を求める背景を説明することでエンゲージメントが高めやすくなる
チーム憲章	チームで共有する価値観、いざこざの解決方針、チームの意思決定の基準など、メンバーに対して求める行動や期待について記述した文書。リモートワークのルール決めにも適している
ホーソン効果とピグマリオン効果	期待することで人は成長する。期待していることを明確にしてミスリードしないようにメンバーに伝える。プロジェクトの目標をもとに期待することを計画する
会議予定を考える時にすべきこと	各ステークホルダーのコミュニケーション要求事項を確認し、コミュニケーション方法の妥当性も確認し、送信者と受信者の責任を定義する。本当に今まで実施していた会議が妥当な方法であったのかという点から改善案を考える
メラビアンの法則	メールだけでは意思を伝えることが難しい。自身の意思を上手く伝えるにはノンバーバルの要素が重要になる
ステークホルダーのエンゲージメントを高める	各ステークホルダーのエンゲージメントを高めるには、どのようにアクションをとるべきかを考える必要がある。ステークホルダーの数が多いプロジェクトでは、ステークホルダーエンゲージメント計画書に近い文書の作成を検討する

Section 49 リスクは事前に検討するべきか

プロジェクトの計画を立てる場合、「リスクは事前に検討したほうが良いとは思うのだが……」と考えている方もいるでしょう。どんな人もリスクについては検討していますが、違いはその度合いです。どこまで事前に確認するのか、事例をもとに考えてみましょう。

リスクは事前に特定すべきか

筆者の知り合いのプロジェクトマネジャーが経験した出来事です。

そのプロジェクトマネジャーはいつも非常に忙しく、期間の短いプロジェクトを多く担当していました。よく顧客から「すぐにでも成果物を出してほしい」と言われ、本当に無茶な要求は角が立たないように断り、可能な限り真摯に対応する人でした。

ある時、その人とプロジェクトの計画の立て方について話をする機会がありました。その人の考えは、「要求事項は極力顧客から引き出し、プロジェクトスケジュールについては、顧客から提示されたデッドラインから逆算して考えるが、リスクは特定しない。リスクは発生した段階で今までの経験則をもとに処理をすれば良い」というものでした。

たしかに顧客からの依頼が「すぐにでも成果物を出してほしい」というものであれば、計画立案に多くの時間を割くのは難しいでしょう。そのため、メンバーと話しながらひとつひとつリスクを考えることはできないと思います。

ただ、本当にリスクをまったく想定していないのでしょうか？　筆者のこれまでの経験から考えると、リスクをまったく想定していないということは考えられません。

実は筆者も、顧客から厳しい納期を求められた場合は、すぐにでもプロジェクト作業を進めたいため、プロジェクトスケジュールのマイルストーンだけは決定しますが、メンバーと話し合いながらひとつひとつリスクを特定することはしません。しかしながら、これまでの経験から、この点だけは抑えておくべきと感じる部分だけをメンバーに伝え、その点だけを考慮しておおよその計画を作成します。この「抑えておくべきと感じる部分」はリスクであり、この状況では、完璧にリスクを特定していないだけの話です。前述のプロジェクトマネジャーも、おそらく筆者と同じだと考えています。皆さんはいかがですか？

定期的にリスクを考える

　すでにご存知の通り、プロジェクトの制約条件によってはすべての作業を進めることができません。PMBOK第7版の12の原則（➡Section 13）にあるように、「状況に基づいたテーラリング」を考慮することが妥当です。

　つまりリスクを特定し各リスクの対応方法を考える場合、プロジェクトの状況を考慮してテーラリングし考える必要があります。その理由は、どのようなプロジェクトであってもプロジェクト開始時に完璧にリスクを特定し、対応方法を考える必要はないためです。リスクについては「可能な限り特定し、可能な限り対応方法を考える」ことが妥当です。

　ここでのポイントは、プロジェクト進行中は定期的に、自身に無理のない範囲でリスクについて考える時間を設定することです。これは、メンバーと会議を設定してリスクを特定する時間を絶対に設ける必要があるということではありません。メンバーが成果物を開発することに集中し、リスクを考える時間がない場合は、プロジェクトマネジャー自身の経験から1人でリスクを考えることも必要かもしれません。

　とくに最近は、プロジェクトを取り巻く外部環境が変化しやすいです。そのため、プロジェクトの開始時に一度だけリスクを検討したからといって、立ち止まることなくそのままプロジェクトを進めることは大変危険です。プロジェクトを問題なく進めるために、定期的にリスクを考える時間を設けましょう。

定期的にリスクを考える

- プロジェクト開始時に、可能な限りリスクを特定して対応方法を考える
- ただし、完璧にリスクを特定し、対応方法を考える必要はない
- メンバーが忙しいのであれば、プロジェクトマネジャーが1人でリスクを検討する場合もある
- 「定期的に」リスクを考える時間を設ける

Section 50 リスクと課題の違い

先のセクションで、プロジェクト開始時に可能な限りリスクを特定しておくと解説しました。では、そもそもリスクとは何でしょうか。ここでは、リスクとは何かを詳しく紹介するとともに、リスクと混同されがちな課題との違いについて解説します。

そもそもリスクとは何か

リスクとは、プロジェクトに影響を与えうる、発生が不確実な事象のことです。リスクは主に4つの事象で考えることができます。

まずは**全体リスク**なのか、**個別リスク**なのかという点です。全体リスクとは、PESTEL（➡Section 07）で主に特定できるリスク——つまりプロジェクトチームでは対処できない環境要因です。一方の個別リスクは、「遅延する可能性がある」「超過する可能性がある」など、プロジェクトチームで対処可能な事象のことを指します。

さらに、それらを**好機**（opportunity）と**脅威**（threat）で分けることができます。好機とは投機的リスクとも呼ばれ、将来の大きなプラス要素を得るために、何かしらの行動を起こさせる事象のことです。

また、脅威は純粋リスクとも呼ばれ、純粋にマイナス面しかない事象のことです。一般的にリスクと言えばこの脅威を示します。リスクの4分類を図示したものが以下になります。

リスクの4分類とその例

	脅威（threat）	好機（opportunity）
全体リスク（チームで対処できないリスク）	年一度の組織再編があり、メンバーが他部門に移動する可能性がある	環境変化により、リモートワークによって効率的に作業を進めることができる
個別リスク（チームで対処できるリスク）	顧客の要望が変化した場合、定期的に要求事項の調整が必要になる可能性がある	アサインされたメンバーの能力が高く、作業が予定よりも早く終わる可能性がある

一般的にリスクと言うと、脅威（threat）を示す

リスクと課題の違い

筆者の周りの人たちに話を聞くと、リスクと**課題**を混同している方が多いです。おそらくその理由は、それぞれを正確に捉えていないためだと思います。2つの違いは以下の通りです。

リスクと課題の違い

	リスク	課題
それぞれの前提	まだ発生していない出来事	すでに発生した出来事
それぞれの内容	好影響（好機）・悪影響（脅威）の両方がある	悪影響しかない
それぞれの時制	将来	現在
想定・発生する時	プロジェクトの計画を立てる時に想定する	計画に基づき作業を進めている時に発生する
対処	「リスクに対処する」とは、これから発生する事象の影響度・発生確率を下げるために未然に対応することを指す	「課題に対処する」とは、すでに発生してしまった事象に対応することを指す

たとえば、顧客から突然追加の要求事項が発生し、急遽その要求事項に対処しなければならない場合は、「リスクに対処する」ではなく「課題に対処する」という表現が正しくなります。

なお、リスクが顕在化した場合は、その顕在化したリスクは「課題」と呼びます。プロジェクトを進めるためには、リスクと課題の両方の事象に対応することが必要です。

リスクと課題に対処する上でのポイントとしては、リスクに対処しつつ、各リスクが完全に課題にならない（顕在化しない）ように、事前に各リスクに対してトリガー（予兆）を設定しておくことです。トリガーの設定により、悪影響しか与えない課題の影響を多少でも軽減することができる可能性があります。なお、設定するトリガーについては、リスク次第で定性的な表現でも定量的な数値でもどちらでも構いません。

Section 51 リスクの特定

リスクの特定方法にはどのようなものがあるのでしょうか。ここでは、さまざまなリスクの特定方法を紹介するとともに、実際に現場でもよく利用される、経験に基づくリスク特定とブレインストーミングについて詳しく解説します。

さまざまなリスクの特定方法 

Section 49で説明したように、プロジェクト開始時に完璧にリスクを特定する必要はありません。しかしながら、プロジェクトの計画を立案する場合はできる限りリスクを特定しておくことが望ましいでしょう。主なリスクの特定方法は下記の表の通りです。

主なリスクの特定方法

項目	内容
ブレインストーミング	会議でよく利用される方法。とくに制限を設けず話し合いながら、リスクを特定する
インタビュー	会議などにおいて、各ステークホルダーへのインタビューを実施することでリスクを特定する
チェックリスト分析	過去のプロジェクト情報をもとにチェックリストを作成し、チェックリストに基づきリスクを特定する
文書分析	計画書など、プロジェクトで生成した文書をもとにリスクを特定する
前提条件・制約条件分析	プロジェクトで設定されている前提条件と制約条件を確認しリスクを特定する。前提条件はプロジェクトを進める中で変化する可能性があるため、リスクを特定する場合は適宜確認することも必要

なお、必ずしも上に挙げたすべての方法を利用する必要はありません。プロジェクトの状況や自身の経験から、使いやすい方法を利用するのが望ましいと言えます。

ブレインストーミングの４つのルール

リスクの特定方法としてよく利用されるのは、自身の経験則から考える方法と**ブレインストーミング**ではないでしょうか。

経験則からリスクを特定する方法は、顧客から提示された納期が厳しいプロジェクトなどで筆者も利用しますが、リスクの漏れ・抜けの可能性が高くなります。そこで、メンバーなど第三者から意見をもらう時間を設定し、自身の考えに第三者の視点を加えることが必要になります。

リスクについて話し合うために時間を割くことができ、会議を利用してリスクを特定するのであれば、ブレインストーミングを利用する場合があります。ブレインストーミングのルールは以下の４点です。念のため確認しておきましょう。

ブレインストーミングの4つのルール

4つのルール	内容
批判禁止	他人の発言に対していっさい批判をしない
自由奔放	想定できる意見だけを発言するではなく、とにかく自由奔放に発言をする
質より量	さまざまな視点から多くのアイデアを出す。アイデアは質より量を重視する
連想と結合	他の人のアイデアを改善・発展させるような考えを付け加える。これにより、新しいアイデアが発生することもある

筆者の経験ですが、ブレインストーミングを利用してリスクを特定する際に、筆者の上司が会議に参加したことがありました。ところが上記ルールを伝えておらず、最終的に上司の意見に全員が賛同してしまった結果、この会議ではメンバーから十分な意見が出ませんでした。

こうした状況を避けるためにも、ブレインストーミングを利用する前に、会議のルールを参加者に徹底し伝達することが必要でしょう。

Section 52 リスク特定のためのフレームワーク

ここでは、筆者がリスクを特定する時に利用するフレームワークを紹介します。フレームワークを上手く利用することにより、リスクを漏れなく特定しやすくなります。

リスク特定に使える4つのフレームワーク

筆者がリスクを特定する際には、経営学で利用されるいくつかの**フレームワーク**を利用することがあります。フレームワークとは、何かを決定したり計画したりする時に利用される、アイデアを出す仕組みのことです。フレームワークを利用することでMECE（ミーシー）でリスクを特定することができます。MECEとはMutually Exclusive and Collectively Exhaustiveの頭文字をとったもので、漏れなく・ダブりなくという意味です。リスクを特定する上で、この要素はとても重要です。

なお利用するフレームワークは、**PESTEL分析・SWOT分析・3C・7S**という4つのフレームワークを組み合わせたものです。

PESTEL分析（➡Section 07）は、外部環境要因を整理する時に利用するフレームワークです。

SWOT分析は、PMBOKでもリスク特定方法として紹介している手法であり、内部環境要因については強み（Strength）と弱み（Weakness）、外部環境要因については好機（Opportunity）と脅威（Threat）に分類して、環境要因の情報を整理する時に利用します。なおリスクを特定する場合は、弱みと脅威のみを捉えるケースが多いです。

3Cは、自社（Company）、競合（Competitor）、顧客（Customer）という3つの要素の状況を整理する時に利用する方法です。

7Sは、マッキンゼーという米国のコンサルタント会社が提唱した理論であり、組織（自社）の情報を整理する時に利用します。また7SではShared value（組織の理念やビジョン）、Strategy（組織の戦略）、Structure（組織構造）、System（評価制度などの人事制度）、Staff（従業員のスキル）、Skill（プロジェクトによって組織に蓄積された知識）、Style（組織の文化）という要素を整理する時に利用します。

リスク特定フレームワークのサンプル

以下が、4つのフレームワークを組み合わせたサンプルです。ここでのポイントは、必ずしもすべての項目を埋める必要はないという点です。以下を確認してみましょう。

リスク特定フレームワークの利用例

項目			特定したリスク
Weakness：弱み（内部要因）	Company	Shared value	—
		Strategy	事業戦略がメンバーに上手く伝わっていない可能性がある
		Structure	—
		System	プロセスを評価する体制がないため、メンバーから不満が出る？
		Staff	メンバーのスキルが高くないため、柔軟な計画を立てることに難あり？
		Skill	組織としての知識が不十分であるので、計画の立案に難あり？
		Style	課題が発生したら対処するという風土であるため、対応難？
Threat：脅威（外部要因）	Competitor	競合が新製品をリリースする可能性がある	
	Customer	顧客から頻繁に仕様変更が発生する可能性がある	
	P：Political		—
	E：Economical		不況の影響を受けると、仕様変更が発生する可能性がある
	S：Social		—
	T：Technological		—
	E：Environmental		リモートワークの導入によりメンバー管理が難しくなる可能性がある
	L：Legal		個人情報の取り扱いに関する新しい法律が可決される可能性がある

Section 53 リスクの分析と対応方法の検討

リスクを特定した後は、特定したそれぞれのリスクについて分析し、対応方法を検討します。ここでは、リスクの分析と対応方法の検討を行う際によく利用される方法について確認していきます。

発生確率と影響度

リスクを特定した後は、メンバーと話し合いながら各リスクを分析し、それぞれのリスクへの対応方法を検討します。リスク分析を行う場合は、各リスクの「発生確率」「影響度」という2つの側面を確認し、以下のような**発生確率・影響度マトリクス**を利用するケースがあります。

発生確率・影響度マトリクスでは、各リスクの発生確率と影響度を5段階で表し、発生確率と影響度の係数をもとにリスクの大きさを示すリスクスコアを算出します。そして、算出したリスクスコアをもとに、各リスクを高・中・低の3段階に分類します。

なお、以下の例ではリスクスコア12ポイント以上を高リスクとしています。同様に、5ポイント以上を中リスク、4ポイント以下を低リスクとしています。

なお低リスクについては、事象が顕在化し課題になったとしても、プロジェクトに対して大きな影響を与えることはないと考えられます。そのため、原則として低リスクについてはリスクを受容し、事象が顕在化した場合に予備費用などで対処をする方法をとります。この対応方法を**能動的受容**と言います。

発生確率・影響度マトリクス

発生確率＼影響度	1（極低）	2（低）	3（中）	4（高）	5（極高）
5（極高）	5	10	15	20	25
4（高）	4	8	12	16	20
3（中）	3	6	9	12	15
2（低）	2	4	6	8	10
1（極低）	1	2	3	4	5

リスクへの対応方法

リスクを特定し、各リスクの発生確率と影響を確認したら、各リスクへの対応方法を検討します。以下の表はリスクへの対応方法を整理したもので、対応方法は「エスカレーション」「回避」「転嫁」「軽減」「受容」のいずれかになります。

これらの対応方法のうち、最も一般的なものは、すでに解説した能動的受容だと言われています。Section 34でも説明しましたが、顧客や営業部門などからの依頼で見積もりを提供する場合に、不測の事態に備えて開発部門では予備費用を加えて見積もりを作成するというケースを紹介しました。リスクマネジメントの観点で言えば、このケースは能動的受容を採用したことになります。

皆さんのプロジェクトでは、主にどのような対応方法を採用しているでしょうか。

リスクへの対応方法

名称		内容
エスカレーション		脅威がプロジェクトマネジャーの権限を越える場合に、スポンサーなどに対応を求める方法
回避（avoid）		特定したリスクを完全になくす方法（例：プロジェクト計画書の一部を変更する　など）
転嫁（transfer）		プロジェクトからリスクをなくすのではなく、ベンダーなどの第三者に移転する方法。リスクを第三者に移転することにより、移転先への支払いが発生する（例：保険に加入する、一部の作業をベンダーと契約し依頼する　など）
軽減（mitigate）		特定したリスクの発生確率や影響度、あるいはその両方を減少させる方法（例：新しい商品を作成したため、通常よりもテストの回数を多くする　など）
受容	能動的受容	リスクへ対応するために、コンティンジェンシー予備を設ける（➡Section 34）。リスクの対応方法では最も一般的な方法
	受動的受容	定期的なレビュー以外は何もしない方法であり、リスクに対して適用されることはあまりない

Section 54 リスク管理表

リスクを特定し、各リスクの影響度や発生確率を考え、対応計画を検討した後は、それらの情報を1つにしたリスク管理表を作成することになります。ここでは、リスク管理表の役割や作成のポイントについて確認します。

リスク管理表のポイント

リスクを特定し対応方法を検討したら、それらの情報を1つの文書にまとめておく必要があります。こうした文書を**リスク管理表**と言います。リスク登録簿と言うこともあります。

リスク管理表を作ることにより、メンバーに対し、対処すべきリスクにどのようなものがあるのかを伝えることができます。また、メンバーがリスクへの対処を終えたら、リスク管理表の該当部分をグレー表示にするなどしてすでに処理済みであることを示せます。このように、現在のリスクの状況を整理して伝えることも可能です。

メンバーが、リスク管理表を作成したり更新したりする時間が確保できない場合は、プロジェクトマネジャーなどの管理者がリスク管理表を作成・更新し、その文書をメンバーに確認してもらうといった運用も考えられます。メンバーの業務負担を軽減することが重要なケースでは検討の余地があります。

いずれの場合であっても重要なポイントは、できる限り第三者の視点を加えて作成するという点です。次のページでは、具体的なリスク管理表の内容について見ていきます。

リスク管理表の作成

- リスクを特定した結果
- リスクを分析した結果
- リスクの対応方法を検討した結果

3つの結果をベースにして
リスク管理表を作成する

作成や更新をする際は、
なるべく第三者の視点を加える

リスク管理表のサンプル

以下の図がリスク管理表のサンプルです。皆さんがプロジェクトで作成している、役割が近い文書をイメージしてみましょう。

リスク管理表（例）

リスクを特定した結果

リスクの特定方法はさまざまだが、フレームワーク（➡Section 52）を利用するのも良い

リスクを分析した結果

原則として、リスクは発生確率と影響度の2つの側面で考える。その2つに加えて緊急度（該当リスクが即時発生するのか？）の指標を加えることも可能

NO	リスク特定				リスク分析				リスク対応計画						
	リスク事象	リスクオーナー	担当	想定発生時期	発生確率	影響度	リスクスコア	リスク等級	対応戦略	対応の詳細	対処予定日	予算	予備計画	トリガー	予算
1	競合が新製品をリリースする可能性がある	プロマネ	峯村	要件の追加・変更時	1	3	3	低	受動的受容	―	―	―	上席にエスレーション	プレスリリースで状況を確認する	なし
2	顧客からの頻繁に仕様変更が発生する可能性がある	プロマネ	遠藤	顧客からの追加依頼時	2	4	8	中	軽減	仕様変更期限を契約書に含めて、契約を締結する	2/10	なし	スコープを変更し、コストの見直しを行う	顧客からの連絡本数が増加する	100万円
3	リモートワーク導入によりメンバー管理が難しくなる可能性がある	プロマネ	湊	作業実施段階	4	4	16	高	軽減	チーム憲章を設定し、徹底する	2/10	なし	メンバーを集めて研修を実施する	メンバーからの報告が滞る	100万円

リスクの対応方法を検討した結果

各リスクについて、具体的にどう対応するのかを記述する。リスクの対処法によっては予算が不要というケースもある

一回の対応方法でリスクの処理ができないケースでは、トリガー（➡Section 50）を設定し、予備計画を考える必要がある

上記のサンプルを確認すると分かる通り、かなり詳細な内容となっています。プロジェクトによっては、ここまで詳細な内容が必要とされないかもしれません。文書の粒度については、プロジェクトの制約条件に応じて調整する必要があります。

Section 55 コンフィギュレーションマネジメントと変更管理

プロジェクトの計画立案においては、コンフィギュレーションマネジメントと変更管理の方法をあらかじめ決めておくことが大変重要です。とくにステークホルダーの数が増えてくると、事前の準備なしに管理することは難しいでしょう。

コンフィギュレーションマネジメントの方法を決める

コンフィギュレーションマネジメント（configuration management）は、日本語では**構成管理**と言います。たとえば計画書の更新、顧客の追加要求による成果物の修正などといった変更・更新の際は、コンフィギュレーションマネジメントに基づき対応する必要があります。そのため、プロジェクト計画時にコンフィギュレーションマネジメントの方法を決めておきます。

たとえば、顧客からの追加依頼が発生したことで成果物を修正し、その修正に基づき計画書を更新するのであれば、必ず「誰が」「いつ」「どの部分を」修正したのかを追跡できるようにするはずです。こうした管理方法を明確にするのがコンフィギュレーションマネジメントの役割です。

仮にコンフィギュレーションマネジメントが存在していない場合は、誰も管理できない状態で、成果物の修正や計画書の更新を行うことになり、大きなトラブルに繋がる可能性があります。とくに、多くのステークホルダーが関わるプロジェクトであればなおさら重要なポイントです。

なお、筆者の周りのプロジェクトでは、コンフィギュレーションマネジメントはプロジェクト毎に検討するものではなく、組織の取り組みとして捉えているケースが多いです。

コンフィギュレーションマネジメント

コンフィギュレーションマネジメントの対象

- プロジェクトで作成する計画書などの文書
- プロジェクトで開発する成果物

「誰が」「いつ」「どの部分を」修正したのかを追跡できるようにルール（コンフィギュレーションマネジメントの方法）を定める

変更管理の方法を決める

「変更管理の方法を決める」とは、プロジェクトで課題が発生した場合に、その課題を誰が、どのような方法で処理するのかを決めるという意味です。

発生した課題がプロジェクトに大きな影響を与える可能性があるケースでは、プロジェクトマネジャーのみがその課題に対処することは妥当ではないかもしれません。こうしたケースでは、たとえば上司や顧客も加えた会議を実施し、その会議において課題の対応方法を決めるといった対応が必要です。

また、課題への対応方法を決定し追加のアクションが必要になった場合も、課題の影響度によって「すぐにアクションが必要なケース」「アクションを起こすまでに多少時間に余裕があるケース」が存在します。このように、課題の影響度によって処理のルートが変わる可能性があるため、それぞれの処理ルートも決めておく必要があります。さらに、この処理ルートで適切に処理が実施されているかどうかを監視できる体制も検討しなければなりません。

このように、さまざまな変更管理の方法を決めた結果として作成される文書を、**変更管理計画書**と言います。課題を処理する場合には、前ページで説明したコンフィギュレーションマネジメントと、今回説明した変更管理の両方が必要になります。

筆者の周りのプロジェクトでは、この変更管理の考え方を事前に検討しているプロジェクトはあまり多くはありません。皆さんは事前に変更管理の方法を決定しているでしょうか。

変更管理計画書

変更管理計画書の記述内容

- 変更を提案できるステークホルダーの情報
- 課題の影響度（「大」「中」「小」）の指標
- 影響度（「大」「中」「小」）別に課題の対処法を審議・承認する人やグループ
- 影響度（「大」「中」「小」）別の必要な処理ルート
- 必要な処理ルートを監視する方法

Column 3

ダイバーシティに対応するためには［ホフステードモデル］

皆さんは**ダイバーシティ**という言葉を聞いたことがありますか。

ダイバーシティとは、多様な人材を積極的に活用することです。皆さんもご存知の通り、日本は徐々に労働者人口が減少しています。そのため海外の優秀な人材を活用することも必要かもしれません。

海外の人材を活用するのは心配だと感じる人もいるかもしれません。たしかに各国の文化や考え方は、過去の歴史から長い時間をかけて形成されてきたものであり、すぐに理解できるものではないでしょう。

国の文化などを理解するために妥当な理論として、**ホフステードモデル**があります。ホフステードモデルでは、6つの次元の度合いで各国の文化をある程度考えることができるとされます。

1つ目は**権力格差**です。これは、権力の弱い人が、権力が不平等に分布していることを容認している程度です。

2つ目は**集団主義／個人主義**です。各個人の結び付きを重視して集団としての行動を好むのか、また個人としての行動を好むのかという指標です。

3つ目は**男らしさ／女らしさ**です。これは、自己主張や競争などの価値観（男らしさ）を重視するのか、それとも人への気配り（女らしさ）を重視するのかという指標です。

4つ目は**不確実性への回避**です。これは、リスクをおそれるのか否かという指標です。

5つ目は**長期思考／短期志向**です。 長期思考は将来の目標に向けて忍耐強く努力し、短期志向は今すぐ結果を求めるもので、そのいずれかを示す指標です。

そして6つ目は**人生の楽しみ方**です。これは**抑制的／充足的**で考えます。抑制的はネガティブな社会であり、社会規範によって欲求の充足を抑え制限すべきという考えです。一方の充足的とは、自身の欲求を自由に満たそうという考えです。

第4章

プロジェクト実行・組織作り・コミュニケーション

Section 56 チームをどう管理すべきか

プロジェクトの進行中は、さまざまな理由から計画通りにプロジェクトが進められないこともあるでしょう。チームメンバーがきちんと作業をしてくれない、といった問題が生じるかもしれません。こんな時は、どのようにしてチームを管理すべきでしょうか。

メンバーが思ったように行動してくれない時は

これも、筆者の知り合いのプロジェクトマネジャーが経験した出来事です。

筆者はそのプロジェクトマネジャーから、「メンバー同意の上でプロジェクト目標を設定し、プロジェクト計画を検討してメンバーに作業を指示したのだが、メンバーがきちんと作業を進めてくれない。たとえば各ステークホルダーへの提案書や報告書の質なども、メンバーによって異なる。どのようにチームを管理すれば良いのか」といった主旨の相談をされました。このような悩みはよくあることだと思います。

この悩みには「メンバーがきちんと作業を進めない」「提案書や報告書の質が均一でない」「チームの管理が難しい」という3つの問題があります。

1つ目の問題については、まず設定したプロジェクト目標が適切にメンバーに内面化されているのかを確認します。よくあるケースとして、プロジェクトマネジャーは一度伝えているという理由から「すでに目標はメンバーに内面化されている」と考えているものの、実際には一度伝えているだけではメンバーは忘れてしまい内面化まで至っていないケースです（➡Section 09）。メンバーの印象に残るように伝える必要がありますし、内面化できるようあらためて膝を突き合わせて話し合うことが必要かもしれません。

2つ目の問題ですが、こうしたケースでよくあるのは、メンバーが報告先の相手の状況を察することができず文書の質が異なってしまうことです。本来であれば、メンバーのスキルに依存しないようコミュニケーションマネジメント計画書（➡Section 45）を作成して、コミュニケーションのルールを決めておく必要があります。もしこうしたルールが明確でない場合は、目的の内面化の確認と同様に、なぜ相手の状況を察する必要があるのかという点を何度もメンバーに伝えなければなりません。

作業が忙しくなってくると、本人に悪気がなくとも思考プロセスから相手の状況を察することが抜け落ちてしまうケースもあります。こうしたケースでは、本人の目に付く場所に「相手の状況を察する」と貼り出しておくことも効果的です。

チームに自分の言うことを聞かせる必要はない 

そして3つ目の問題である「チームの管理は難しい」ですが、よくあるのは、管理者（プロジェクトマネジャー）が無意識のうちに「自分の言うことを聞いておけば間違いない」と考えてしまうケースです。たしかに、管理者自身の経験から得たベストプラクティスをもとにしていることは重要ですが、時々そのプラクティスを客観視することも必要です。

また、チームの管理とは、プロジェクト目標や計画に基づいて「チームに自分の言うことを聞かせる」ことではありません。プロジェクト目標がメンバーに内面化されてさえいれば、目標に到達するまでのプロセスはメンバーによって異なります。そのため、必ずしもメンバーに言うことを聞かせることが妥当でない可能性もあります。良かれと考えてプロジェクトマネジャーがひとつひとつの作業プロセスに口を出してしまうと、メンバーが委縮してしまい、より良いパフォーマンスを発揮できなくなるかもしれません。

何度も伝えているにも関わらず、メンバーが同じような行動を繰り返す場合は、一度メンバーに失敗させることも必要かもしれません。そのため、プロジェクトマネジャーはある程度の余裕を持ち、メンバーの作業を監視する必要があります。メンバーや仕事の内容次第では、少しずつ権限を付与していくことも考えてください。

メンバーが思ったように行動してくれない時のポイント

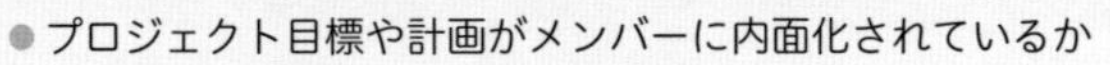
メンバーが思ったように行動してくれない時は、以下の4つを確認する

- プロジェクト目標や計画がメンバーに内面化されているか
- メンバーの思考プロセスに漏れがないか
- そもそも自分のマネジメント方法が適切なのか
- 「言うことを聞かせる」ことだけを考えていないか

状況によっては、以下の対応も検討する

- メンバーに少しずつ権限を付与する
- メンバーに失敗させる

Section 57 リモートワークでの作業管理

現在は働き方が大きく変化し、リモートワークでプロジェクト業務を進めているケースも増えていることと思います。ここでは、リモートワークにおける作業管理について確認していきます。

バーチャルチーム

バーチャルチームとは、居住地域などが異なりプロジェクトに物理的に参加できない人が、インターネットなどを利用したオンラインツールでコミュニケーションをとることでメンバーとして参加しているチームのことを言います。**分散チーム**と言うこともあります。

現在は外部環境の変化によって働き方が大きく変わり、メンバーのリモートワーク対応や多様な人材を積極的に活用するダイバーシティなどの背景から、バーチャルチームを利用しているケースが多くなっていると思います。現代のプロジェクトを円滑に進めるためには、バーチャルチームを上手く活用することが必須と言えます。バーチャルチームを上手く活用すれば、海外を拠点にしているメンバーもプロジェクトに参加できるため、これまで慣習として何となく決めていたことの適切さをあらためて客観的に確認することも可能になります。

バーチャルチームを利用する場合、本来であれば事前にチーム憲章 (Section 44) でリモートワークのルールを決めておくことが必要です。事前にルールを決めておけば、発生する可能性がある問題の影響を減らすことができるかもしれません。

バーチャルチームのイメージ

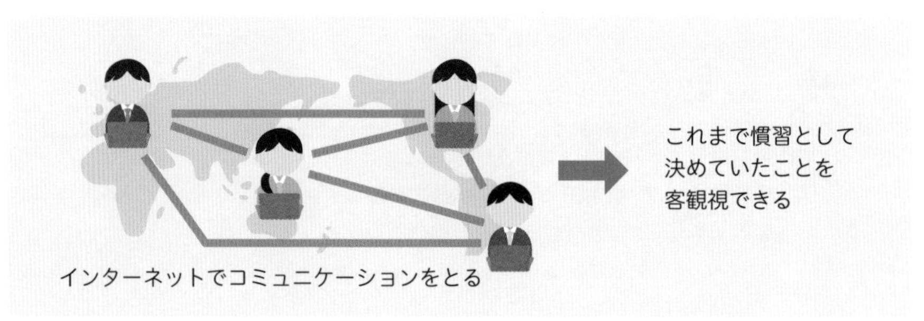
これまで慣習として
決めていたことを
客観視できる
インターネットでコミュニケーションをとる

権限の付与

リモートワークを進める場合は、チーム憲章でリモートワークのルールを定義しておくことが望ましいと説明しました。チーム憲章とは、メンバーに対して求める行動や期待について記述したものであり、チームのルールを規定した文書のことです（Section 44）。プロジェクトにチーム憲章のような文書が存在しない場合は、文書を作成せずルール（Section 46）を決めておくだけでも良いと思います。

リモートワークでは、メンバーがプロジェクトマネジャーの目の届かないところで作業をしているため、作業の成果を確認することが難しくなります。こうしたケースでは、リモートワークで作業を進めているメンバーに対し、ある程度の権限を付与することも必要になるかもしれません。

具体的には、「顧客や上司の要求事項の明確化」「要求事項をもとにタスクまで分解」「タスクを完了するために必要なコストや所要期間の見積もり」「作業実施中に発生した課題への対処」をメンバー自らが行うとともに、作業の進捗についてもメンバー自身が管理します。これにより、メンバーに「達成しなければならない」という意識が生まれ、作業全般に対する責任感を持つようになります。

ここで注意すべき点として、権限を付与するメンバーは各人の特性などを考慮して選定することが望ましいです。メンバーによっては、権限を与えられることが重荷になってしまいパフォーマンスが下がるケースもあるためです。

なお、権限を与えることを**デリゲイション**（delegation：委任）や**エンパワーメント**（empowerment：権限付与）とも言います。

権限付与

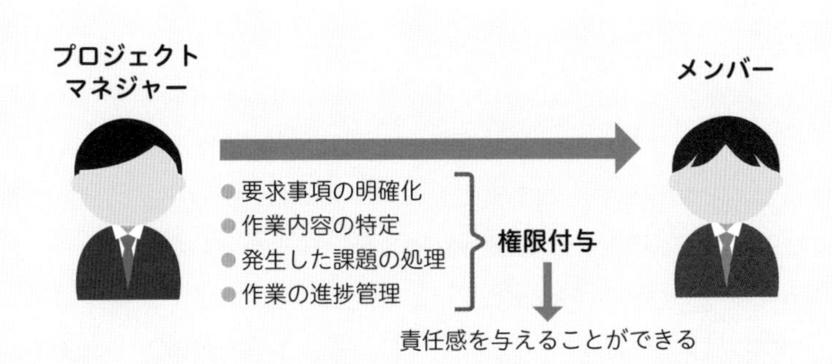

Section 58 メンバーの動機付け

モチベーションとは動機付けのことです。チームのメンバーを動機付けることはプロジェクトを進める上では不可欠です。Section 09で解説した誘因と関連付けながら確認していきます。

外発的動機付け・内発的動機付け

モチベーションを広辞苑で調べると、「動機を与えること。動機づけ。誘因。物事を行う意欲。やる気。」とされています。誘因は、すでに「メンバーの貢献意欲を高めるためには、戦略的に誘因を利用することが必要」と解説した通り、プロジェクトを進めるためには重要なものであり、特殊的誘因と一般的誘因の2つに分けられます(➡Section 09)。

ここでは、誘因と関連付けながら「動機付け」について確認します。

動機付けは大きく、**外発的動機付け**と**内発的動機付け**の2つに分けることができます。Section 09で説明した特殊的誘因が外発的動機付け、一般的誘因が内発的動機付けと考えるのが妥当です。

外発的動機付けとは、他者にアプローチすることで与えられるものであり、特殊的誘因と同様に「ボーナスなどの報奨」「褒めるというアクション」など、個人の得になるようなベネフィットが該当します。

一方の内発的動機付けは各人の内側にあるもので、「自分ならできるという自己効力感」「信念」「責任感」「連帯感」といったものが該当します。一般的誘因の要素が近いと思います。

外発的動機付けを与えすぎると、その高揚感は徐々に逓減(ていげん)すると言われています。たとえば皆さんがプロジェクトでの成果を称えられ、毎月報奨金として2万円をもらっているとします。最初に2万円をもらった月は、「2万円ももらえた！」という驚きとともに「嬉しい！」という感情が最も高まる時だと思います。しかし毎月もらえるようだと、いつの間にか2万円をもらうことが当たり前になり、2万円程度では感情が変化しなくなるかもしれません。これを**限界効用逓減の法則**と言います。

外発的動機付けを与える場合は、その頻度と量を考える必要があります。

動機付けを上手く利用するには

外発的動機付けと内発的動機付けの区分を以下に整理します。筆者はこれまでの経験から、外発的動機付けと内発的動機付けはともに重要な要素だと考えています。ただしプロジェクトを進めるためには、外発的動機付けを利用した場合も、最終的には個人の責任感などに紐付く内発的動機付けに関連付けることが必要です。

外発的動機付けと内発的動機付け

項目	例
外発的動機付け	ボーナスなどの報奨、権力、褒めることなど個人の得になるようなベネフィットのこと。特殊的誘因と同じ位置付け
内発的動機付け	各人の内側にあるもので、自分ならできるという自己効力感・信念・責任感・連帯感など。一般的誘因と同じ位置付け

それでは、動機付けが上手くいけばメンバーは能動的に作業を進めることができるのでしょうか。実はそうではありません。

そもそも動機付けは、メンバーの貢献意欲を引き出すための方法です。プロジェクトの目標が明確でなく、各メンバーに「なぜそのプロジェクトを行う必要があるのか」が理解されていない状態では、いくらメンバーに動機付けを提供してもあまり効果はありません。つまり、プロジェクトの目標が各メンバーに内面化されていることが、動機付けの利用の前提となります。

プロジェクトの目的と動機付けの効果

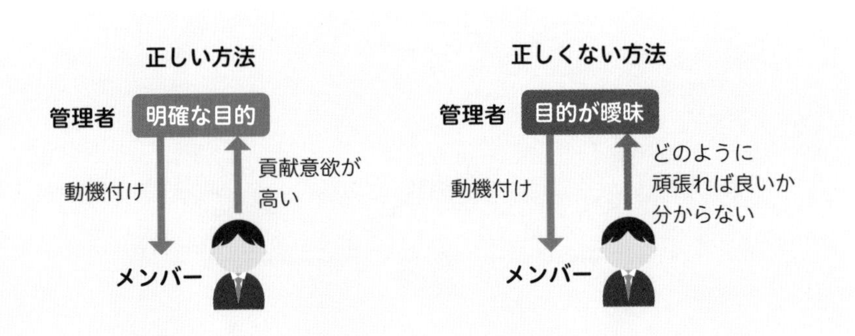

Section 59 動機付けに関する理論

前のセクションでは、そもそも動機付けとは何かについて説明しました。ここではメンバーへの動機付けに活用できる4つの理論と、メンバーの評価の際に注意すべき「ハロー効果」について解説します。

XY理論 

XY理論とは、心理学者のダグラス・マクレガーが提唱した理論であり、労働者管理でよく利用される考え方です。

X理論は、「人が働く目的は収入だけである」「人は怠けるものである」という想定・前提のもと、怠けを矯正するには適切にトップダウンで外発的動機付けとして指示をし、罰・報奨金・地位を与える必要があるという考え方です。

Y理論は、「人は仕事に対して成し遂げようと意欲がある」「目的に向かって邁進する」という前提のもと、トップダウンで指示を与えるのではなく、メンバーへの支援が必要であるという考え方です。

常にX理論が良い、常にY理論が良いというものではなく、プロジェクトマネジャーは状況に応じてX理論とY理論を巧みにメンバーに適用し、適切な動機付けをする必要があります。皆さんのプロジェクトではいかがでしょうか。皆さんもメンバーの貢献意欲を高めるために、X理論とY理論の両方を使っているのではないでしょうか。

XY理論

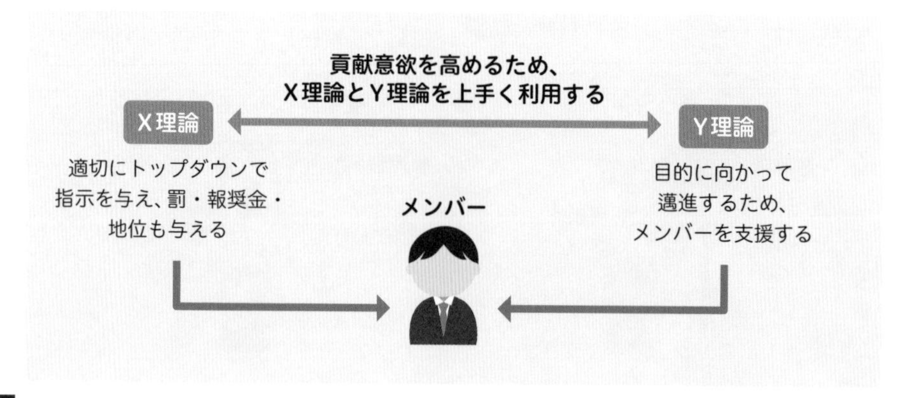

動機付け・衛生理論

動機付け・衛生理論とは、心理学者のフレデリック・ハーズバーグが提唱した理論です。人の貢献意欲を高めるためには、不満足を防止し、動機付けることが必要という提唱をしています。

「不満足感の防止」とは、会社の方針や給与・役職などの待遇面、リモートワークでの業務であれば適切なネットワーク環境や自宅でも仕事に集中できる環境などを含みます。これらの要因のことを**衛生要因**と言います。衛生要因が不十分な場合にメンバーは不満足を感じますが、その一方で、仮に衛生要因が十分であっても満足には繋がらないと言われています。

「動機付け」には、プロジェクト業務において与えられる達成感、責任範囲の拡大、業務を進めることで得られる成果など、仕事内容に関連する事象が含まれます。こうした要因のことを**動機付け要因**と言います。

ここでのポイントは、いくら動機付け要因を強めてもそれだけで貢献意欲を高めることは難しく、そもそも前提として衛生要因を確保することが必要であるという点です。

皆さんのプロジェクトチームの衛生要因は十分でしょうか。筆者の周りのプロジェクトを見ていると、衛生要因を意識せずに動機付け要因だけを強めてしまい、メンバーのやる気が徐々に減退していく状況になるケースが時々あります。衛生要因をすぐに改善できない場合は、いつまでにどの程度改善することができるのかという点を明確にするだけでも、状況が変化する可能性があります。

動機付け・衛生理論

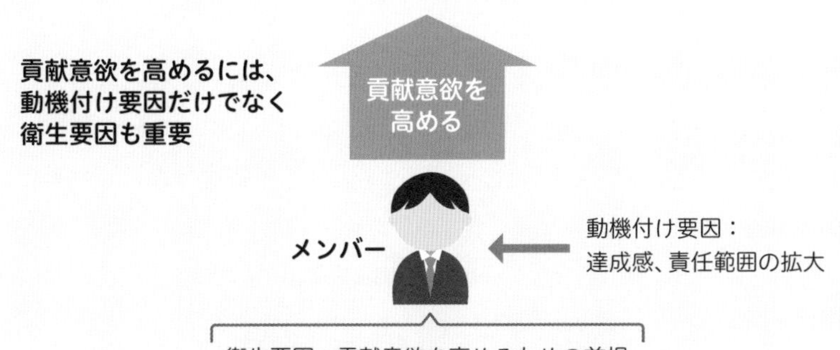

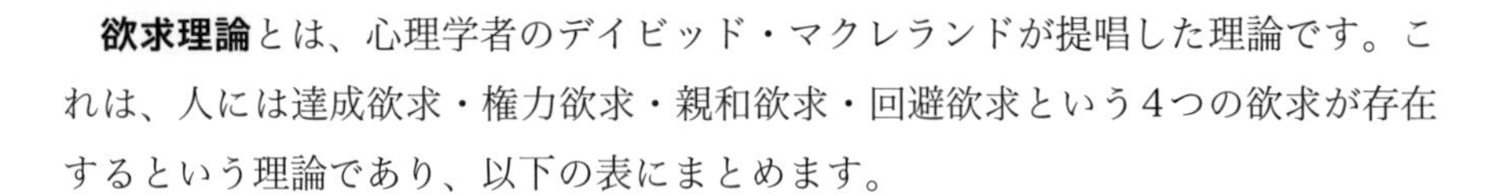

欲求理論

欲求理論とは、心理学者のデイビッド・マクレランドが提唱した理論です。これは、人には達成欲求・権力欲求・親和欲求・回避欲求という4つの欲求が存在するという理論であり、以下の表にまとめます。

欲求理論

項目	内容
達成欲求	達成・成功に向けて諦めずに努力するという欲求。他人に任せるよりも、自分ならできるという自己効力感や、自己責任に基づき業務を進める傾向があり、チャレンジングな目標や困難なことでも自力で成し遂げる
権力欲求	他人に使われるよりも、他人を自分の支配下に置き、自分は強くかつ有力な存在でありたいと願う個人の欲求。地位や身分を重視するため、権限を与えられることを好む。他者からの指示を嫌い、そのような指示を拒否してしまう傾向もある
親和欲求	争いを嫌い、相互理解を大切にして気持ち良く働きたいという欲求。親和欲求が強い人は、他者との交友関係を作り上げ、他者からよく見てもらいたい、好かれたいという願望が強くなる。親和欲求が弱い人は、他者から視線を気にせず、必要以上の馴れ合いの関係を作らない
回避欲求	失敗・困難な状況は避けようという欲求。心理的な負荷を嫌い、原則安全な行動をとるため、受けた仕事の精度が高くなる傾向がある

注意してほしいのは、すべての人が上記4つの欲求を強く望むわけではないという点です。たとえば、人によっては達成欲求が低い人もいます。各人がどの欲求を好むのかという点を把握すれば、メンバーに対して動機付けがしやすくなるでしょう。

期待理論

期待理論とは、心理学者のビクター・ブルームが提唱した理論であり、モチベーションを高めるには、目標へのプロセスが明確化されていることを前提として、人はある事象を期待して動機付けられるというものです。ここで言う「ある事象」とは、たとえば報酬・休暇など個人のベネフィットになるようなものを示しています。

つまり、メンバーの貢献意欲を高めるために報酬・休暇といった外発的動機付けに重きを置いている理論です。たしかにこの理論のように、そもそも薄給であればメンバーへの動機付けは難しくなるでしょう。

ハロー効果

ハロー効果 (halo effect) は、とくに動機付け理論というわけではありませんが、メンバーを評価する時に注意すべき考え方です。ここでのハローとは日本語では「後光」という意味合いです。

簡単に言うと、たとえばあるメンバーを評価する時に、そのメンバーの持つある1つのスキルが高いと (たとえば業務推進力が高いなど)、その他すべてのスキルも十分満たされているように見えてしまう効果です。その逆もあり、1つの要素が低いだけで、その他のすべての要素も同じく低く見えてしまう傾向もあります。

ハロー効果を発生させないようにするには、メンバー個人の特性を適宜理解することが必要になるでしょう。

ハロー効果

メンバー
業務推進力が高い
すべてあいつを中心に
考えれば良いか………

Section 60 チームビルディングとチームの成長

プロジェクトはチームで行います。そのため、単純に各メンバーを動機付けるだけでは十分とは言えません。ここではチームビルディング、チームの育成モデルについて確認しましょう。

タックマンのチーム開発ステージ

プロジェクトの目標を達成するために、各メンバーを動機付けることによって貢献意欲を引き出すことが重要であることはご存知の通りです。プロジェクト業務は動機付けされたメンバーで構成されたチームで行うことになりますが、ここではチームの育成モデルについて説明します。

チームの育成モデルとは、どのようにチームが成長していくのかの過程を示したものです。育成モデルとして有名な考え方が、1965年に心理学者のブルース・タックマンが提唱した**タックマンのチーム開発ステージ**です。この理論は半世紀以上の前の考え方ですが、現在でも利用でき、プロジェクトマネジャーがチームと各メンバーの成長を支援するのに役立つと言われています。

タックマンのチーム開発ステージは、成立期・動乱期・安定期・遂行期・解散期という5つの段階で示されます。チームが成長するためには、基本的には「成立期」から順序通りに成長し、場合によっては各段階を行き来しながら進むと言われます。また、プロジェクトの内容次第では、必ずしも「成立期」から開始するわけではないとも言われます。

タックマンのチーム開発ステージの概要

第1段階	第2段階	第3段階	第4段階	第5段階
成立期	動乱期	安定期	遂行期	解散期

チームの成長 →

- 基本的には「成立期」から順序通りに成長する
- 場合により各段階を行き来しながら進む
- プロジェクトの内容次第では、必ずしも「成立期」から開始するだけではない

タックマンのチーム開発ステージの各段階

次に、タックマンのチーム開発ステージの5段階、成立期・動乱期・安定期・遂行期・解散期について確認しましょう。詳細は以下の表の通りです。

タックマンのチーム開発ステージの各段階

段階	名称	詳細
第1段階	成立期：Forming （別名：形成期）	メンバーが初めて集まる段階。考えをさらけ出すことが難しい。互いの自己紹介などをするために会話は礼儀正しい
第2段階	動乱期：Storming （別名：混乱期）	メンバーが自己主張を始め、個性の違いが明確になる。その自己主張からいざこざが発生し、非生産的な環境になる
第3段階	安定期：Norming （別名：統一期）	メンバーが生産的に一緒に働き始める。業務を進める過程でいざこざは発生するが、自己主張から発生したいざこざではない
第4段階	遂行期：Performing （別名：機能期）	メンバーがお互いに依存関係を保ち、生産性が高く、高品質なプロダクトを開発する。また課題にも効果的に対処できる
第5段階	解散期：Adjourning （別名：散会期）	プロジェクトが完了し、解散する。良好なチーム関係であれば、メンバーが解散を悲しむ場合もある

前ページで説明したように、アサインされるメンバーが常に同じであれば、成立期からチームが開始するのではなく安定期から開始するケースもあるでしょう。なお、メンバーが1名でも変わった場合は、チームがどの段階であっても成立期に戻ると言われています。

皆さんのプロジェクトではいかがでしょうか。自身のチームの状況を想定していただくと、よりイメージが湧くと思います。

Section 61 チームの連帯感強化

チームの連帯感を強化することで、チームとしてプロジェクトの目標を達成しやすくなります。それでは、チームの連帯感を強化するにはどのような要素が必要なのでしょうか。ここでは、連帯感強化のポイントについて確認します。

チームの連帯感を強化するためのポイント

前のセクションで、プロジェクトはチームで進めるため、育成モデルの考え方はチームとメンバーの成長を支援するのに役立つことを解説しました。では、チームでプロジェクトを進める上での連帯感を強化するにはどのようにすれば良いのでしょうか。

チームの連帯感強化のためには、メンバー間のコミュニケーションが円滑になるように、チーム憲章（➡Section 44）などを利用して共有する価値観・コミュニケーションルール・いざこざの解決方針をプロジェクトの計画段階で決めておくことが必要です。

しかしながら、コミュニケーションのルールなどを決めておくだけでは、連帯感強化には不十分です。連帯感を得るためには、コミュニケーションをとる際に考慮すべき**感情的知性**が有効です。感情的知性とは、自身や相手の感情をマネジメントする感情の知能指数のことであり、コミュニケーションをとる際のベースになる考え方です。詳細はSection 64で解説します。

つまりチームの連帯感を強化するには、自身や相手の感情をマネジメントし、コミュニケーションをとることが必要です。

チームの連帯感を強化するためのポイント

チーム憲章
- チームで共有する価値観
- コミュニケーションのルール
- いざこざの解決方針

チームの
連帯感を強化

感情的知性
- 自身や相手の感情をマネジメントする能力
- コミュニケーションのベースになる

コロケーション

連帯感強化のためにコミュニケーションを円滑に進める上では、メンバーが集まることができる場所があると良いと言われます。こうした設備を用意し、プロジェクト業務を進めるためにメンバーの大部分や全員を同じ場所に集めます。この状態のことを**コロケーション**（co-location）と言います。

ここでの場所や設備とは、プロジェクトチームのために特別に用意された部屋でなくとも問題はありません。パーティションで区切ったスペースや、いくつのソファーや机などが置いてある多目的スペースなどでも、設備としては十分でしょう。

コロケーションを上手く利用するポイントは、何かあればメンバーが集まる場所があることを各々に周知することです。初めの段階では数名のメンバーしか利用しないかもしれませんが、そのメンバーがその他のメンバーを誘うことで徐々に参加者が増加し、チームの連帯感を強化することに繋がります。話す内容も、最初は主にプロジェクト業務についての内容かもしれませんが、徐々にお互いのプライベートに関する内容にまで発展することもあります。実は筆者も、過去のプロジェクトでコロケーションを利用してチームの連帯感を強化していました。

バーチャルチーム（➡Section 57）でコロケーションを利用するには、オンラインで何でも話し合える会議室を常時設定しておく、各々が思ったことを言えるチャットルームを用意する、といった方策が妥当です。

コロケーションのイメージ

メンバーが集まることのできる設備を用意する

- パーティションで区切ったスペース
- ソファーや机などが置いてある多目的スペース
- オンラインで何でも話し合える会議室
- 各々が思ったことを言えるチャットルーム　など

話す内容が仕事からプライベートに展開する

チームの連帯感を強化する

Section 62 メンバーの育成方法と方法論

チームのパフォーマンスを高めるために、メンバーを育成することも必要です。ここでは育成方法について確認します。また、主要な育成方法の1つであるOJTで利用できる方法論として、認知的徒弟制モデルについても取り上げます。

認知的徒弟制 

チームのパフォーマンスを高めるため、メンバーに対して動機付けを行うことは重要ですが、もう1つの側面としてメンバーを育成することも必要です。育成方法としては主にOFF-JTやOJTがあります。いずれの方法であっても、計画立てて論理的に実施することが望ましいでしょう。

ここでは、OJTについて利用できそうな方法論を紹介します。なお、OJTはOn-the-Job Trainingの略称であり、業務を進めながらメンバーを指導するトレーニング方法です。

日本の歴史に興味がある人は、山本五十六の「してみせて・いってきかせて・させてみて・ほめてやらねば・人は動かじ」という兵法をご存知かと思います。これはつまり徒弟制です。 OJTは徒弟制に基づいている部分があり、人材開発においてはこの徒弟制を以下のような4つの段階で示し、**認知的徒弟制**モデルとして紹介しています。

認知的徒弟制モデルの4つの段階

段階	項目	内容
第1段階	モデリング	熟達者が模範を見せ、メンバーは観察する
第2段階	コーチング	熟達者が助言や例を出して、手取り足取り教える
第3段階	足場づくり	熟達者が支援しながらメンバーに独力でやらせる。支援の方法はコーチング、コミュニティを形成する、ヒントだけ与えてメンバーに考えさせる、など
第4段階	フェーディング	支援やガイドを次第に少なくし、自立を目指す

自身の指導法を振り返る

次に、2009年に教育工学者のパトリック・パリッシュが提唱した**学習経験に影響を与える5つの学習環境要因**について説明します。これは、OJTにおける指導方法を振り返る材料として使える考え方の1つです。

パリッシュは、メンバーの指導者として実施するOJTでの指導方法には、以下の5つの要素が存在しているとしています。そして、これら5つの環境の何か1つでも十分でない場合は、メンバーの能力を改善させることが難しいと提唱しています。

学習経験に影響を与える5つの学習環境要因

項目	詳細
直接性：immediacy	媒介される障害がなく直接対面する環境で指導していること。対面が難しい場合はそれに近い環境で実施していること
可塑性：malleability	個々のメンバーによりフィードバックを変えているか。また習得したスキルを応用できる環境（例：問題解決などの状況において習得した知識を転用できる環境）を与えているか
切迫性：compellingness	自分がやらないといけないという意識を与える環境を与えているか。また架空の状況でもそのような切迫したビジネスシーンを意識できる環境をメンバーに与えているか
共鳴性：resonance	メンバーが学習して得たスキルを利用して、今までの見方や考え方を変えることができる環境を与えているか
一貫性：coherence	それぞれの学習した内容が最終的に意味を成す1つのまとまりとなり、全体像が見えるようになる環境を与えているか

前のページで認知的徒弟制について説明しましたが、これも自身の指導法を振り返る材料として利用できると思います。

なお、認知的徒弟制の「フェーディング」については、なるべくメンバーの特性を考慮して、どのような手順で足場を外していくのかを検討する必要がある点に注意してください。

Section 63 作業内容の客観視と改善

プロジェクトを進める上では、これまでの作業の進め方はもちろん、自身のチームマネジメント方法についても疑念を持ち、客観視し、改善することが必要です。ここでは、作業内容の客観視と改善のポイントを解説します。

現状打破

「状況に基づいたテーラリング」(➡Section 13) で説明したように、過去にもしていたという理由だけで、新しい業務にもそのまま過去の方法を適用するのは妥当ではありません。

たとえば皆さんも、10年前に行っていた作業の進め方を、今もそのまま行ってはいないと思います。おそらく、外部環境の変化や自身のスキルの向上などにより、これまでの作業の進め方に疑念を持ち、過去の情報を利用してより良い作業の進め方を検討した結果ではないでしょうか。こうした変化を**現状打破**と言います。

皆さんもご存知の通り、最近では外部環境の変化が著しいです。そのため、これまで正しかった、もしくは主流だと考えていたことは、極端に言えば1ヶ月後にはすでに適正な方法でなくなっている可能性もあるのです。こうした変化の期間は徐々に短くなっています。

プロジェクトマネジャーは、今までの作業の進め方はもちろん、自身のチームマネジメント方法についても常に疑念持ち、改善していく必要があります。

現状打破

メリルの第一原理

現状打破では、これまでの作業の進め方といった過去の情報を参考にしながらより良い方向に向けて変化していきますが、もちろん失敗の可能性が高まるケースもあります。こうした失敗に対応するためには、プロジェクトマネジャーがリスクを検討し、コンティンジェンシー予備（➡Section 34）を用意することも必要です。

失敗への対応は、メンバーの育成においても同様に重要です。プロジェクトの性質や制約にもよりますが、メンバーの育成を促す上では、ある程度は失敗をおそれずメンバーの失敗を許容することも必要でしょう。

メンバーの育成において役に立つ方法論の1つに**メリルの第一原理**があります。簡単に説明すると、「メンバーに失敗を経験させることで、より効果的な育成が可能になる」という考え方です。

メリルの第一原理の詳細を下記の表にまとめました。とくに、メンバーが失敗した場合でも挽回することが可能なプロジェクトにおいては、有効な方法と言えるでしょう。

メリルの第一原理の5段階

段階	項目	内容
第1段階	問題：Problem	メンバーに、現実に起こりそうな事象や解決可能な事象に挑戦させる
第2段階	活性化：Activation	メンバーは自身が持つ知識を総動員して、与えらえた事象を解決しようとする。解決できた場合はその時点で終了
第3段階	例示：Demonstration	メンバーが解決できない／失敗した場合は、熟達者はやり方を伝えるのではなく、自らやってみせる
第4段階	応用：Application	異なる事例で、再度メンバーに実際にやってもらう。失敗した場合、メンバーは「なぜ失敗してしまったのか」という原因を考える
第5段階	統合：Integration	学んだことを活かす機会を与え、自律的な学習を促す

Section 64 感情のマネジメント

Section 61では、相手とのコミュニケーションのベースになる考え方として「感情的知性」について紹介しました。ここでは、この感情的知性についてより詳しく解説します。チェックリストも用意しているので、確認してみましょう。

感情的知性

Section 61で、「チームの連帯感を強化するには、自身や相手の感情をマネジメントし、コミュニケーションをとることが必要」だと説明しました。自分や相手の感情のマネジメントする能力のことを**感情的知性**（EI：Emotional Intelligence）と言います。

感情的知性は、1980年代後半に心理学者ピーター・サロベイによって提唱され、感情的知性を測定する指標のことを**心の知能指数**（EQ：Emotional Intelligence Quotient）と言います。EQという略称のほうが有名かもしれませんね。

これまで筆者もいくつかのプロジェクトを進めてきましたが、チームをマネジメントするための重要なポイントの1つに、この感情的知性を上手に利用できるのか否かという点があると考えています。

たとえば納期が厳しいプロジェクトを担当し、プロジェクトの状況がかなり良くない場合であっても、プロジェクトマネジャーは状況を的確に把握して、冷静さを保ち、取り乱すべきではありません。チームメンバーが不安そうな様子であれば、そのメンバーに配慮し、声をかけるべきでしょう。感情的知性とは、こうした状況において利用できる考え方です。

感情的知性を利用する状況

プロジェクトマネジャー

感情的知性を利用している

- 不安そうな様子のメンバーが気になり、声をかける
- プロジェクトの状況が本当に良くないが、取り乱さず、冷静さを保つ

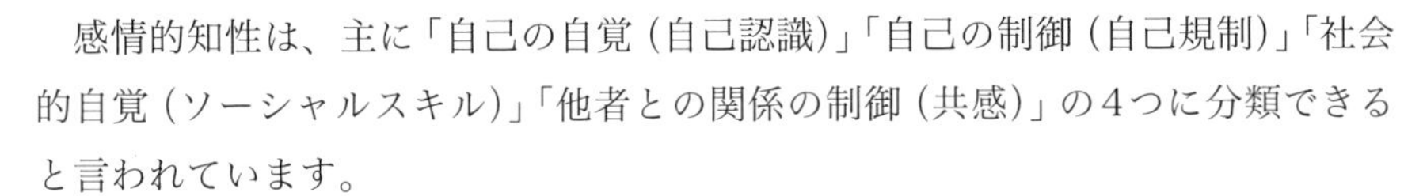

感情的知性の4つの項目

感情的知性は、主に「自己の自覚（自己認識）」「自己の制御（自己規制）」「社会的自覚（ソーシャルスキル）」「他者との関係の制御（共感）」の4つに分類できると言われています。

「自己の自覚（自己認識）」と「自己の制御（自己規制）」の2つは、自身に対するマネジメントであり、自身の人間性に関わる内容です。

一方の「社会的自覚（ソーシャルスキル）」と「他者との関係の制御（共感）」は相手に対するマネジメントであり、人間関係に関わる内容です。

以下の表に、それぞれの項目の概要についてまとめました。

感情的知性の4つの項目

分類	項目	概要
人間性	自己の自覚 (自己認識)	自己評価を行う能力のこと。この分野には、自身の感情や長所／短所を理解していることも含む
	自己の制御 (自己規制)	混乱を招く、また自身の感情をコントロールして方向転換する能力のこと。行動を起こす前に立ち止まって考えることなどを含む
人間関係	社会的自覚 (ソーシャルスキル)	チームなどのマネジメント、ステークホルダーと共通点を発見し、信頼関係を構築することを含む
	他者との関係の制御 (共感)	相手の感情を理解し、考慮する能力のこと。相手のノンバーバルを汲み取る能力も含む

感情的知性を構成するこれら4つの項目は、自分自身が意識をしながら、満遍なく高めていく必要があります。

また、「行動を起こす前に立ち止まって考える」という要素が低いケースでは、「相手のノンバーバルを汲み取る」という要素も低くなる可能性があります。つまり、4項目はそれぞれが独立しているわけではなく、関連性が高いものです。こうした点にも注意してください。

人間性（自己の自覚・自己の制御）スキルの項目 

前述した表のうち「人間性」（自己の自覚および自己の制御）スキルの一覧を次の表にまとめました。以下に挙げたものがすべてではありませんが、自身のスキルチェックに利用してみましょう。以下の項目がすべて満たされていれば、自己の自覚と自己の制御は高いレベルにあると思われます。

人間性スキルのチェック項目（参考:『EQ2.0 「心の知能指数」を高める66のテクニック』／トラヴィス・ブラッドベリー、ジーン・グリーブス［著］／関美和［訳］／サンガ）

No.	項目	チェック
1	自身の強みと弱みを理解している	
2	感情のボタンを押す人やモノを知っている	
3	自身のミスを認め、道徳的に行動している	
4	自身の価値観を理解している	
5	客観視するために定期的に自身を振り返っている	
6	自身の感情の感じ方や感情の波及効果を知っている	
7	ストレスのかかったときの自分を知っていて、効果的にコントロールできる	
8	自身の目標を公開している	
9	将来の自分の姿を思い描いている	
10	基本的に気分に左右されない	
11	行為に集中できる	
12	変化が間近に迫っていることを認識している	
13	変化に対して柔軟に対応できる	
14	適宜、問題解決の時間をとっている	
15	自身のスケジュールの中で充電時間を入れている	

人間関係（社会的自覚・他者との関係の制御）スキルの項目

続いて、「人間関係」（社会的自覚および他者との関係の制御）スキルの一覧を下記の表にまとめます。役職を問わず、メンバーと一緒にプロジェクト作業を進めている人であれば思い当たる部分があることでしょう。こちらも、自分自身のスキルチェックに利用してみましょう。

人間関係スキルの項目（参考：『EQ2.0　「心の知能指数」を高める66のテクニック』／トラヴィス・ブラッドベリー、ジーン・グリーブス［著］／関美和［訳］／サンガ）

No.	項目	チェック
1	相手に対して心開き、相手に好奇心をもつ	
2	自分なりの自然なコミュニケーションのスタイルがある	
3	相手のフィードバックを受け入れる	
4	ちょっとした思いやりを示す言葉を使う	
5	怒るときは意図的に怒る	
6	避けられない事象に抗うことはない	
7	相手の気持ちや感情を認める	
8	相手に建設的なフィードバックを与える	
9	気に掛けていることを、行動に移す	
10	発言に責任を持ち、意思決定したその理由を伝えている	
11	曖昧な会話を修復し、時には率直に相手に意見を言う	
12	相手のノンバーバルを観察し、タイミングを見計らう	
13	会議において積極的傾聴を利用する	
14	会議には戦略をたてて、事前に準備をする	
15	自分の読みが正しいことを相手に確認する	
16	相手の立場に立ち、相手の背景（特性）を理解している	
17	その場の雰囲気を読み取る	

Section 65 チーム内の揉め事の解決

プロジェクトを進める上では、意見の衝突などさまざまな揉め事が必ず発生します。ステークホルダー間の意見の衝突などをコンフリクトと言います。ここでは、こうした揉め事をどのように解決するべきかについて解説します。

コンフリクトとは 

プロジェクトを進める過程では、必ず**コンフリクト**（conflict）が発生すると言われています。コンフリクトとは、ステークホルダー間で意見の衝突などが発生している状態のことです。コンフリクトを上手に解決できればチームのパフォーマンスや生産性は向上しますが、上手く解決できなければ、チームのパフォーマンスや生産性は低下するとされています。

コンフリクトの原因は、価値観や認識の違い、相手に対する競争意識、言った言わないなどにより発生するコミュニケーションロス、プロジェクトの作業活動に対する不満などです。皆さんのプロジェクトではコンフリクトは発生していませんか。

コンフリクトが発生した場合、原則としてどのように解決するのが妥当なのかという点については、感情的知性（➡Section 64）を利用したコミュニケーションが有効とされています。つまり、自己の制御を利用しながら、自身の感情をコントロールしつつ、他者との関係の制御を利用しながら、相手の感情を理解し考慮したコミュニケーションが求められます。

コンフリクトとその解消

感情的知性を利用したコミュニケーションで解消する

コンフリクトの原因

- 価値観や認識の違い
- 相手に対する競争意識
- 言った言わないなどで発生するコミュニケーションロス
- プロジェクト作業活動に対する不満

コンフリクトマネジメント

コンフリクトは、感情的知性を利用したコミュニケーションで解消するのが望ましいと説明しました。コンフリクトの解決には以下の5つのパターンがあるとされています。これを**コンフリクトマネジメント**と言います。

あるコンフリクトに対して、1つのパターンだけを利用するということはありません。コンフリクトの内容や背景によって、複数のパターンを使い分けることになるでしょう。

コンフリクトマネジメントの5つの方法

名称	内容
撤退・回避	コンフリクトから身を引き、解決を諦めること。また、解決できる人が現れるまで決断を先延ばしにすること。すぐに行動に移すことができるため、解決が難しい根深いコンフリクトに対し一時的な対処として利用される場合がある。なお、撤退・回避を何度も利用すると、チームは崩壊すると考えられている
鎮静・適応	意見が異なる部分よりも、同意できる部分を強調すること。直接的な問題解決手段ではないため、コンフリクトが再発する可能性もある。
妥協・和解	全員がある程度満足できる解決策を模索すること。コンフリクトを部分的に解決できる。コンフリクトの解消という点では、協力・問題解決の次に良い策とされている
強制・指示	緊急事態を考慮する必要がある場合に、権力を行使して相手に対して自分の意見を押しつけること。撤退・回避と同様に、すぐに行動に移すことができるため、解決が難しい根深いコンフリクトに対して、一時的な対処として利用される場合がある。何度も利用すると、チームは崩壊すると考えられている
協力・問題解決	コンフリクトを完全に解決するため、双方が納得するまで話し合う。最も良い解決策だがコンフリクトの完全解消には時間がかかり、有期性という要素を持つプロジェクトにおいては状況によって適切ではない場合がある

Section 66 変革を望まない人への対応

プロジェクトには変革が伴いますが、実際にはこうした変革を望まない人も存在します。変革を望まない人とは、どのようなやり取りをするのが望ましいのでしょうか。ここでは変革を望まない人への対応と、変革を浸透させる上で役立つ考え方を解説します。

変革を望まない人との揉め事とは 

PMBOK第7版での12の原則（➡Section 13）でも説明したように、プロジェクトには変革が伴いますが、プロジェクトによって発生する変革に柔軟に対応できない人も存在します。Section 13ではDXを利用した組織変革の例を挙げましたが、他の例も考えてみましょう。

これは、かつて筆者が担当した、社内の人事評価の仕組みを見直すプロジェクトにおける出来事です。そのプロジェクトは役員の指示により発生したものでしたが、別の役員などからプロジェクトに対してさまざまな妨害がありました。こうした事象に筆者は適宜対処していたのですが、これも変革を望まない人との揉め事の一例です。

変革を望まない、かつプロジェクトチームのメンバーではない人との揉め事は、基本的にプロジェクトマネジャーが対処する必要があります。なぜなら、チームには開発業務に専念してもらう必要があるためです。つまり、「チームを妨害から守る」ことはプロジェクトマネジャーに求められるスキルの1つです。

それでは、変革はどのように進めるのが妥当なのでしょうか。そこで利用できる考え方の1つが、経営学者のジョン・コッターが提唱した8段階モデルです。

変革を望まない人との揉め事

プロジェクトによって変革が発生する

コッターの 8 段階モデル

ジョン・コッターは、組織に対して変革を浸透させるためには、8つの段階に基づく必要があると述べています。各段階におけるポイントを含め、以下の表にまとめましたので確認してください。変革を望まない人には、Step 6にあるように短期的な成果を見せることも必要です。

コッターの8段階モデル

	項目	ポイント
Step 1	危機意識を高める	視野が狭いのか、目標が低いのか、忙しいため問題を見落としているのかなど、現状に満足している原因を特定する
Step 2	変革推進のための連帯チームを築く	変革リーダーを特定する。アサインされるメンバーは基本的に、信頼され、専門性が高い人が良い
Step 3	変革のためのビジョンと戦略を作る	SMART基準に基づいたプロジェクト目標を設定する。また、変化する状況に対応できる柔軟な目標が良い
Step 4	変革のためのビジョンを周知徹底する	変革を望まない人に配慮した、感情的知性に基づいたコミュニケーションをとり、納得させる
Step 5	従業員の自発を促す	従業員の適正度も含め、従業員に権限移譲ができる組織体制であるかを確認する。場合により従業員にトレーニングを課す
Step 6	短期的成果を実現する	変革することによる短期成果を見せることで、組織内の抵抗勢力の勢いを削ぎ、経営層を味方につける
Step 7	成果を活かしてさらなる変革を推進する	地盤回復を狙う組織内の抵抗勢力に注意を払い、変革を止めない
Step 8	新しい方法である変革を企業文化に定着させる	変革を企業文化にするには、しっかりとした成果が必要。場合により社内の重要人物を排除する場合もある

Section 67 フィードバックとアクティブリスニング

チームのパフォーマンスを高めるには、メンバーに対するフィードバックや、相手の話を上手く聞くための傾聴スキルも必要です。ここでは、フィードバックと傾聴スキルを活用するためのポイントを解説します。

フィードバック

皆さんも、自身のプロジェクトメンバーに対してさまざまな**フィードバック**をしていると思います。Section 62でも少し触れた通り、メンバーの能力を高めるためにはフィードバックは必要不可欠です。

あらためて、フィードバックとはどのようなものでしょうか。それは、相手のある特定の行動に対して、明確かつ繊細で、建設的な意見を与えることです。

相手に明確かつ繊細なフィードバックを与えるためには、相手が行動を起こした後、すぐに行う必要があります。つまり、フィードバックには迅速さが求められます。

また、基本的には建設的な意見が望ましいです。建設的な意見のことを**ポジティブフィードバック**と言いますが、相手の行動を変えるには、**ネガティブフィードバック**よりも、ポジティブフィードバックが適しているとされます。

もちろん、相手の状況を考慮してネガティブフィードバックを行うほうが良い場合もあるでしょう。その際は、相手の良いところを見つけてポジティブフィードバックを行った後に、ネガティブフィードバックを行うのが望ましいです。

フィードバック

フィードバックのポイント

- 明確かつ繊細なフィードバックには迅速さが必要
- ネガティブフィードバックよりポジティブフィードバックが望ましい

アクティブリスニング

プロジェクトを進めるために、メンバーと感情的知性に基づくコミュニケーションをとる必要があることはすでに説明しました。そのためには、相手の話を上手く聞く**傾聴スキル**も必要です。

傾聴する際によく利用されるのが、**アクティブリスニング**（積極的傾聴）です。これは、話をしている人に積極的な注意を向け、行間を読み、相手が何を伝えたいのかを理解するアクションのことです。アクティブリスニングを行うことで、ステークホルダーのエンゲージメントを高めることができます。

逆にアクティブリスニングを利用せず傾聴が上手くできていない場合、相手は自分と話したいと思わなくなり、エンゲージメントは低下します。

アクティブリスニングでは、次の3つのアクションが利用されます。

アクティブリスニングで利用される3つのアクション

アクション	内容
リフレクティング	相手が話している内容から要点を特定し、その要点を繰り返すことで、理解していることを示す
アテンディング	話し手のほうに体を向け、凝視をせず、アイコンタクトを維持する
フォローイング	頷いたり、「はい」「なるほど」などといった言葉を適宜利用したりして、理解していることを示す

アクティブリスニングを利用する場合は、受け手は開かれた心で話し手の話を聞き入れ、話し手の内面を引き出すことを意識する必要があります。リフレクティング・アテンディング・フォローイングという3つのアクションを利用していたとしても、受け手が心を開いておらず、話し手の内面を引き出す意識がないようであれば、表面だけを取り繕った形で本当に傾聴したことにはなりません。この点には注意が必要です。

Section 68 知識・ノウハウの共有

チームのパフォーマンスレベルを高めるためには、それぞれのメンバーが保有しているノウハウなどを共有することも必要です。では、ノウハウの共有はどのように行えばよいのでしょうか。ここでは、ナレッジマネジメントについて解説します。

ナレッジマネジメント

プロジェクトを円滑に進めるためには、各メンバーが保有するノウハウなど文章にすることが難しい知識を、極力誰もが分かる形で共有する必要があります。こうしたノウハウは、経験年数が長いメンバーほどたくさん持っているはずです。ノウハウの共有により、間違いを繰り返さないようになり、チームとしての能力は高まります。こうした知識の共有を**ナレッジマネジメント**と言います。

ナレッジマネジメントを利用する時に参考にできるフレームワークが**SECIモデル**（セキモデル）です。SECIモデルは、経営学者である野中郁次郎氏が提唱した理論です。SECIモデルの構造を以下の図にまとめます。

SECIモデルの構造

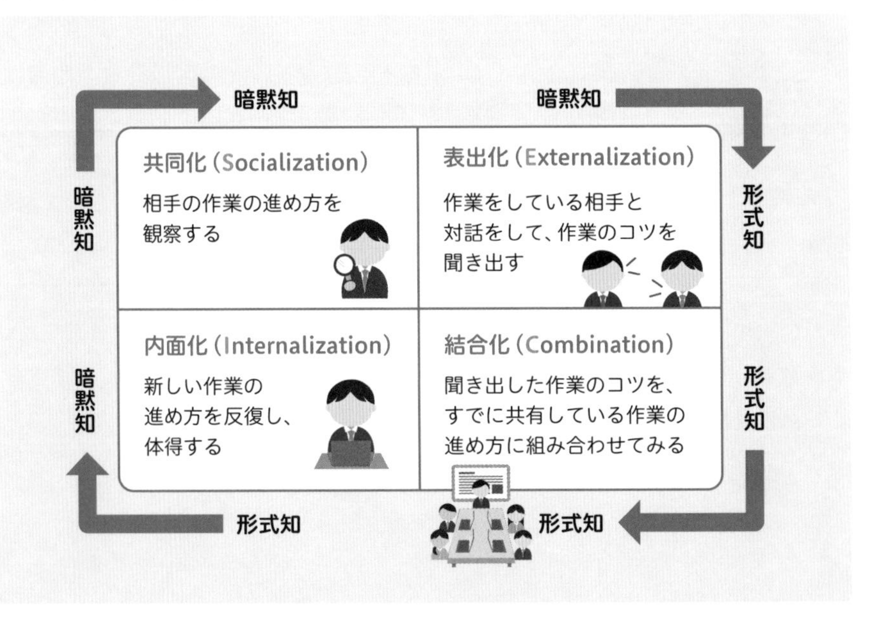

SECIモデル利用のポイント

SECIモデルを利用することで、各メンバーの持つ知識を共有することができます。前ページの図にある**暗黙知**とは、ノウハウなど文章にすることが難しい知識のことを言います。**形式知**は、文章にすることが比較的容易な知識のことを言います。皆さんはどのようにして暗黙知を共有しているでしょうか。

SECIモデルのポイントは、**共同化**と**表出化**と言われます。その理由は、共同化と表出化によって、業務を進める上で重要なコツを熟達者から引き出すことができるためです。

共同化と表出化においては、熟達者との間に良好な人間関係を構築している必要があります。場合によっては、熟達者との非公式なコミュニケーションを利用するケースもあります。ここで言う非公式なコミュニケーションとは、会議などではなく、すれ違った時に声をかける、会議前後での短い時間で話をするといったものを指します。

熟達者と直接対話をしてコツを引き出すことが難しい場合は、熟達者に適宜、意思決定の判断プロセスを含めて自身が気が付いたことをメモ書きとして残してもらいましょう。メモ書きを利用してディスカッションすることでも、共同化と表出化は可能です。この時、「業務が落ち着いたらメモ書きを残そう」と考える人がいますが、落ち着いた時には忘れてしまうこともあります。筆者の経験上、どのような方法でも良いので、都度暗黙知を残してもらうようにしましょう。

SECIモデル利用のポイント

「共同化」と「表出化」により、業務を進める上で
重要なコツを引き出すことができる

コツを引き出すためには……

- 熟達者との間に良好な人間関係を構築する
- 熟達者との非公式なコミュニケーションを利用する
- 熟達者が適宜、暗黙知をメモ書きなどで残すよう依頼する

Section 69 チームマネジメント・組織作り・コミュニケーションのポイント

ここでは、筆者がチームをマネジメントするために注意すべきだと考えるポイントについて解説します。また、ここまでに解説してきた、プロジェクトの実行に必要な組織作りとコミュニケーションにおける注意点についてもまとめておきます。

チームマネジメントで注意すべきこと

すでにご存知の通り、チームを適切にマネジメントするためには、場当たり的な対応は妥当ではありません。チームのルールを事前に決めてチーム憲章（➡Section 44）などを定義し、チームをマネジメントしていきます。

またメンバーのエンゲージメントを高めるためには、感情的知性（➡Section 64）を利用したコミュニケーションが必要であり、チームをマネジメントするために戦略的なコミュニケーションをとることで、タックマンのチーム開発ステージ（➡Section 60）の段階を高めやすくなり、チーム内の揉め事も解決しやすくなります。変革を望まない人への対応も容易になり、ナレッジマネジメントも利用しやすくなるでしょう。

「戦略的なコミュニケーション」と聞くと、プロジェクトマネジャーが策士であるかのように受け取られてしまうかもしれません。ただ、筆者はこれまでの経験から、プロジェクトを上手く進めるためにはプロジェクトマネジャーはしたたかでなければならないと感じています。皆さんはいかがでしょうか。

チームマネジメントで注意すべきこと

チーム憲章などで定義されているチームのルールを事前に決めること
戦略的にコミュニケーションをとること

そうすることで……

- タックマンのチーム開発ステージの段階を高めやすくなる
- チーム内の揉め事が解決しやすくなる
- 変革を望まない人への対応も容易になる
- ナレッジマネジメントも利用しやすくなる

組織作り・コミュニケーションで注意すべきこと

今回、プロジェクト実行に必要な組織作りとコミュニケーションについて、さまざまな内容を解説しました。以下にポイントや注意点をまとめましたので、今までの振り返りとして確認してください。

組織作りとコミュニケーションのポイント

項目	内容
権限付与	リモートワークで作業を進めているメンバーに対しては、ある程度の権限を付与することも必要。権限を付与するメンバーの特性などは考慮する必要がある
外発的動機付け・内発的動機付け	プロジェクトを進める上で、ボーナスのような報奨、褒めるなどの外発的動機付けを利用した場合も、最終的には個人の責任感などに紐付く内発的動機付けに関連付ける。前提として、目的が明確になっていなければならない点に注意する
コロケーション	連帯感強化のためにコミュニケーションを円滑に進めるには、メンバーが集まることができる場所を用意する。コロケーションの利用により、チーム開発ステージが変化する場合もある
メンバーの育成方法	認知的徒弟制・学習経験に影響を与える5つの学習環境要因・メリルの第一原理などによって、自身の育成方法を振り返るのが望ましい
現状打破	今までの作業の進め方はもちろん、自身のチームのマネジメント方法についても疑念を持ち、客観視し、改善する。場合によっては失敗を許容することも必要
感情的知性	自己の自覚・自己の制御・社会的自覚・他者との関係の制御、の4つに分類できる。コンフリクトや変革を望まない人との揉め事の解決、ナレッジマネジメントにも役立つ
フィードバック・傾聴	フィードバックには迅速さが必要。ポジティブフィードバックが望ましい。傾聴では、受け手が開かれた心で話し手の話を聞き入れる必要があり、話し手の内面を引き出すことを意識する

Column 4

事業のきっかけを発見するスキル［オープンイノベーション］

筆者がある経営者とたわいもない話をしている中で、その人が「事業をマネジメントできるプロジェクトマネジメントスキルは重要だが、事業のきっかけを発見できるスキルも重要だと思う」と言ったことがあります。筆者も、たしかにその通りだと思います。

プロジェクトマネジメントは、主にある事業を各ステークホルダーの協力を得ながら、目的達成に向けて進んでいく方法のことであり、まさに事業をマネジメントするスキルです。このマネジメントスキルは、事業のきっかけとなるものがなければ成立しません。

かつての日本は、この「事業のきっかけ」を創造することが得意だったように思います。

具体的には、日本は「モノづくり」のスキルを活かし、多くの事業のきっかけを得るために進化していました。つまり、かつての日本は、モノづくりのスキルを利用した**イノベーション**が得意でした。

しかし現在では社会にモノがあふれ、技術もオープンになってしまい、モノづくりのスキルを利用したイノベーションを見かけることもなくなってきました。そこで最近、よく言われるようになったのが**オープンイノベーション**です。

オープンイノベーションとは、製品開発や技術改革などを自社のみで行うのではなく、いくつかの組織が協働して行うという考え方です。これからは「モノづくり」のイノベーションではなく、オープンイノベーションよる「モノの繋がり」のイノベーションに転換していることを認識し、事業のきっかけを発見する必要があるかもしれません。

これは筆者の意見ですが、日本国内の組織は、事業のきっかけを「モノの繋がり」から考えることがあまり得意ではないように感じています。皆さんが所属している組織はいかがでしょうか。

第5章

プロジェクトの監視・コントロール

Section 70 遅延を少なくするにはどうすれば良いか

きっちり立案した計画通りにプロジェクトを進めたい、遅延を極力なくしたいと考えたことはありませんか？　皆さんは、このような時にどう対応しているでしょうか。筆者の知り合いの経験を例に考えてみましょう。

遅延を少なくしたい！　どうすれば良いですか？

これも、筆者の知り合いのプロジェクトマネジャーが経験した出来事です。

かつて筆者は、そのプロジェクトマネジャーから、「担当しているプロジェクトではきっちり計画を立てているのだが、計画通りに進めることができない。可能ならば極力遅延を少なくしたいと考えているが、どうすれば良いだろうか」と質問されたことがあります。この方の気持ちはよく分かります。

筆者がまだプロジェクトマネジャーとしてそれほど経験がないころ、プロジェクトの最初の段階できっちりと計画を立案していました。きっちりと計画を立案すると、やはり計画通りにプロジェクト業務を進めたくなるのですが、なかなかその通りには進みません。その理由は、顧客や上司などからの追加依頼です。

「要求が変わりやすいプロジェクトへの対応」(➡Section 28) でも説明しましたが、最初の段階では分かる限りで計画を立案し、徐々に明確にしていくことがポイントです。これを**段階的詳細化** (progressive elaboration) と言います。つまり、計画はまずはおおよそで考えるのが良いのです。筆者もこれまでの経験を振り返ると、当初の計画通りにプロジェクトが完了したことは一度もありません。

また、「適応力と回復力を持つこと」(➡Section 13) でも説明したように、適応力と回復力を原則とするのであれば、そもそもきっちりと計画通りにプロジェクトを進めることはできないのかもしれません。

「極力、計画通りに進めたい」「遅延を少なくしたい」という思いから、開発担当のメンバーが報告書を提出する頻度を高めるといった方法で、管理を強めてしまう人が時々います。筆者の経験から考えると、これは逆効果になる可能性がとても高いです。

管理を強めると逆効果になる

理由は2つあります。1つ目の理由は、管理を強めることで開発担当のメンバーが「やらされているという意識」を持ってしまい、貢献意欲が減退し、よりいっそう計画通りにプロジェクトを進めることが難しくなるためです。

また、報告書を提出する頻度を高めることにより、メンバーが開発作業に集中できない状況にもなり得ます（➡Section 03）。

2つ目は、管理を強めたことにより情報を得たとしても、その情報自体が適切ではない可能性が高いためです。「極力、計画通りに進めたい」「遅延を少なくしたい」と管理者が考えている時点で、すでにプロジェクトはあまり良い状況とは言えないでしょう。こうした状況下では、なぜ今その情報が必要なのかという背景やプロジェクトの目的を伝えずにメンバーに依頼しているケースが多いです。その結果、メンバーから妥当な情報が得られない状態が発生しやすくなります。

どのようにすれば、管理を強めずにプロジェクトを進められるのでしょうか。まず、「管理者はそもそも現場の状況を完全に理解することはできない」ということを認識し、ある程度メンバーに権限を持たせることが必要です。メンバーに権限を持たせると、管理者の立場への理解が得られる可能性も高くなります。権限付与についてはSection 57を確認してください。

権限を与えたメンバーをいつでもサポートできるよう、作業状況を定期的に確認しておくこともポイントの1つです。

遅延を少なくしたい場合

良い方法ではない

- メンバーへの管理を強める

「やらされているという意識」を持ってしまい、貢献意欲が減退し、妥当な情報が得らない

妥当な方法

- メンバーに権限を与える
- 作業状況を定期的に把握する

管理者の立場への理解が得られる可能性も高まり、メンバーをサポートしやすくなる

Section 71 作業状況の定期的な確認

メンバーの作業をサポートするためには、定期的に作業状況を確認する必要があります。ここでは、作業状況を確認する上で利用できる方法として、差異分析・傾向分析について解説するとともに、分析結果をもとにした対応についても紹介します。

差異分析・傾向分析

プロジェクトにおいて、遅延や超過などの課題を極力発生させなくするためには、定期的にメンバーの作業状況を確認する必要があります。作業状況を確認するには、たいていの場合は立案した計画に基づき、「どの程度まで作業が終わっているのか」をチェックします。その際に、もし遅延や超過などを含め何らかの課題が発生していることを見つけた場合は、その課題の原因を特定することになるでしょう。この方法を**差異分析**（Variance analysis）と言います。差異分析は、作業状況を確認する方法として最も代表的な方法です。

差異分析を行い、プロジェクトの現時点の状況を確認した後で、今後の見通しを検討することがあります。このように見通しを検討することを**傾向分析**（Trend analysis）と言います。

認識に偏りが出ないよう、分析は原則として1人ではなくメンバーと話し合いながら行うことが望ましいです。また、すでにお分かりの通り、差異分析や傾向分析を利用してメンバーの作業をサポートするためには、メンバーの負担が増え過ぎない程度に段階的詳細化に基づいて作成された計画が必要です。

差異分析と傾向分析

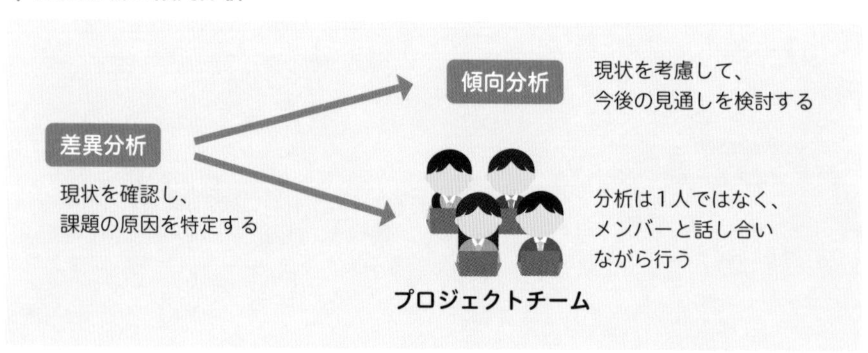

対処法を考える上でのポイント

差異分析を行った結果、遅延や超過など何かしらの課題を確認した場合は、課題への対処法を検討する必要があります。対処法を考える上でのポイントは主に2つです。

1つ目はプロジェクトの制約条件（➡Section 04、➡Section 05）を確認することです。プロジェクトには、譲ることのできない制約条件が必ず存在します。たとえば制約条件として「納期」を重視するのであれば、すべての要求事項を満たすことはできないかもしれません。逆に、すべての機能を含む成果物を開発すること（要求事項）を重視するのであれば、納期を調整する必要があるかもしれません。

差異分析を利用して遅延していることを確認した場合、制約条件として納期を重視するのであれば「納期までに提供できる機能は何か」を検討することになり、納期までにすべての機能を含む成果物を作ることを重視するのであれば、メンバーを追加でアサインすることになるでしょう。対応法を考える場合は、このように制約条件のバランスを考えることが必要です。対応法を考えた後は、誰が対応できるのかも確認しておきます。

2つ目は、対処法を複数用意することです。対応法が1つしかない場合、仮にプロジェクトマネジャーがその提案を却下した場合に次に打つ手がありません。複数の対処法を用意しておくことでリスクを軽減します。

対応法を考える場合のポイント

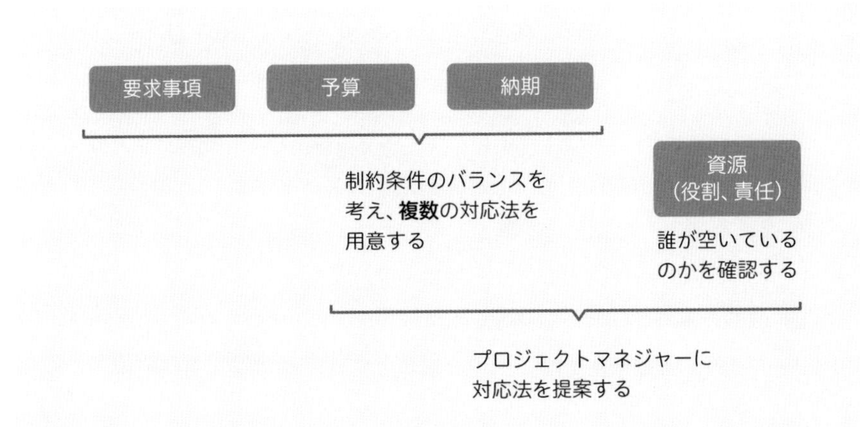

Section 72 プロジェクト状況の数値化

プロジェクトの状況を確認するために、アーンドバリューマネジメントという手段を利用して数値化して確認することがあります。ここでは、アーンドバリューマネジメントの概要と、利用のポイントを解説します。

アーンドバリューマネジメントで利用する3つの数値

プロジェクトを開始してから、現時点までのスケジュールに関する状況と予算状況を定量的に測定する手段の1つに、**アーンドバリューマネジメント**（Earned Value Management：EVM）があります。アーンドバリューマネジメントは、差異分析（➡Section 71）の一種です。

アーンドバリューマネジメントを行うためには、以下の3つの数値が必要です。

アーンドバリューマネジメントで使用する3つの数値

名称	内容
プランドバリュー（Planned Value：PV）	測定時点までにこれから行う作業に割り当てた予算、もしくは作業量
アーンドバリュー（Earned Value：EV）	完了した作業に割り当てた予算、もしくは作業量
実コスト（Actual Cost：AC）	実際に使用したコスト実績、もしくは作業量

上記3つの数値に関しての注意点は、プランドバリューとアーンドバリューはいずれも予算であり、実コストのみが実績値である点です。

予算が2種類ある点に違和感を抱くかもしれませんが、プランドバリューはプロジェクト作業開始前に設定できる予算であり、アーンドバリューはプロジェクト作業を進め、完了した作業に割り当てていた予算です。つまりアーンドバリューは、予算ではあるものの、プロジェクト業務を進めなければ算出することができません。

次ページからは、アーンドバリューマネジメントの例を確認してみましょう。

遅延を確認する方法

たとえば、ある製品を開発するためのプロジェクトを進めているとしましょう。プロジェクトは3月1日から開始し、3月31日に終了予定です。当初の予定通り、3月15日に作業状況を確認したところ、以下の通りの状況でした。

アーンドバリューマネジメントの例①

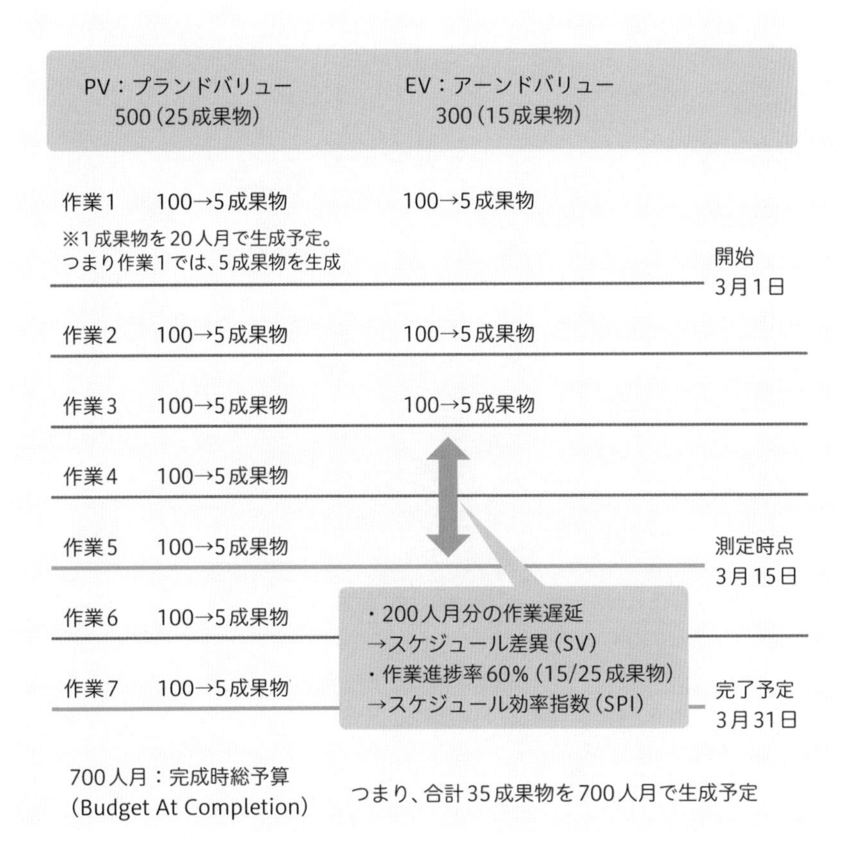

上記を確認すると、10成果物分（200人月分）の作業が遅延しています。このように遅延を示すことのできる評価指標を**スケジュール効率指数**（Schedule Performance Index：SPI）、**スケジュール差異**（Schedule Variance：SV）と言います。

超過を確認する方法

予算状況を確認するため、作業1〜作業3を完了させるために実際に使用した作業量を調査すると、以下のような状況でした。

アーンドバリューマネジメントの例②

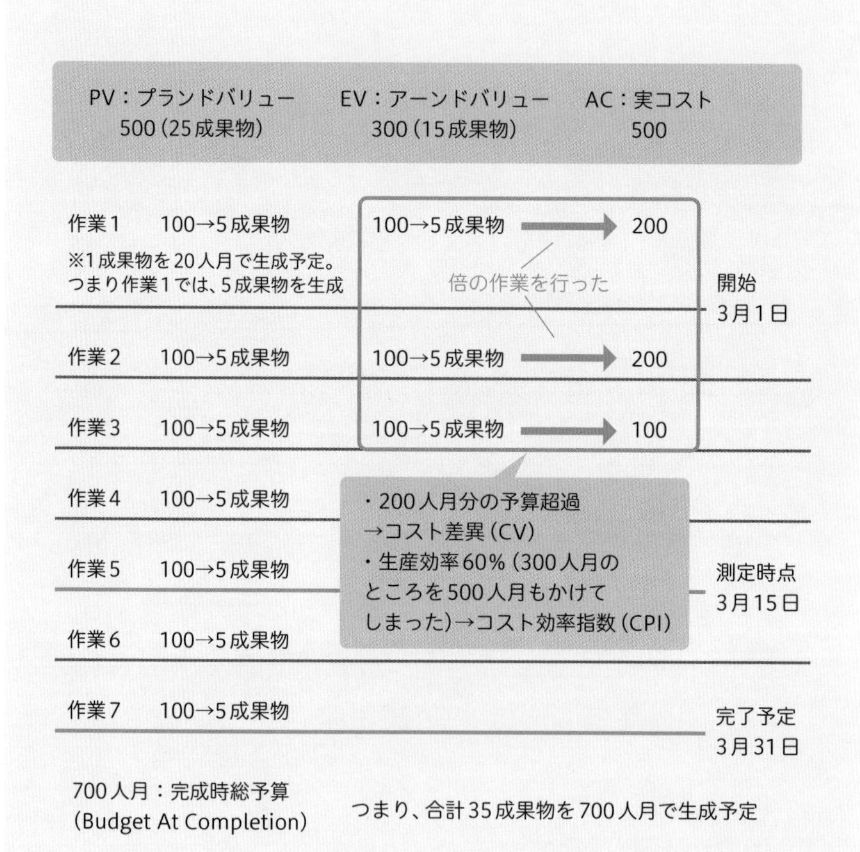

上記を確認すると、予定通りの作業量で終了したのは作業3のみであり、作業1と作業2は倍の作業量をかけて成果物を生成していたことが分かります。このように超過を示すことのできる評価指標を、**コスト効率指数**（Cost Performance Index：CPI）、**コスト差異**（Cost Variance：CV）と言います。

アーンドバリューマネジメントのポイント

アーンドバリューマネジメントを行うには、プランドバリュー、アーンドバリュー、実コストという3つの数値が必要です。

なお、この3つの数値を利用する前提として、プロジェクト作業を行う前、つまりプロジェクトの計画を立案する時に、各作業に対して予算もしくは作業量を各タスクに割り当てる必要があります。つまり、プロジェクト業務を進めるために必要なタスクをある程度特定しておかなければなりません。そのため、タスクが特定しづらい、顧客や上司の要求が変化するようなプロジェクトでは、アーンドバリューマネジメントの利用が難しいかもしれません。

また、本セクションでは**完成時総予算**（Budget At Completion：BAC）と表現していますが、これはプロジェクトを進めるために必要なタスクに対して予算もしくは作業量を割り当てることで算出できる、プロジェクト全体の予算のことを指します。

完成時総予算は、アーンドバリューマネジメントにおいてはプランドバリューを集約した数値のことであり、直接費・間接費・コンティンジェンシー予備を含めた総開発費です（➡Section 34）。また、完成時総予算をプロジェクトマネジャーが承認した結果のことを**コストベースライン**と言います。

このように、アーンドバリューマネジメントは数値を利用して定量的に測定できるため、客観的に状況を確認することが可能です。

アーンドバリューマネジメントのポイント

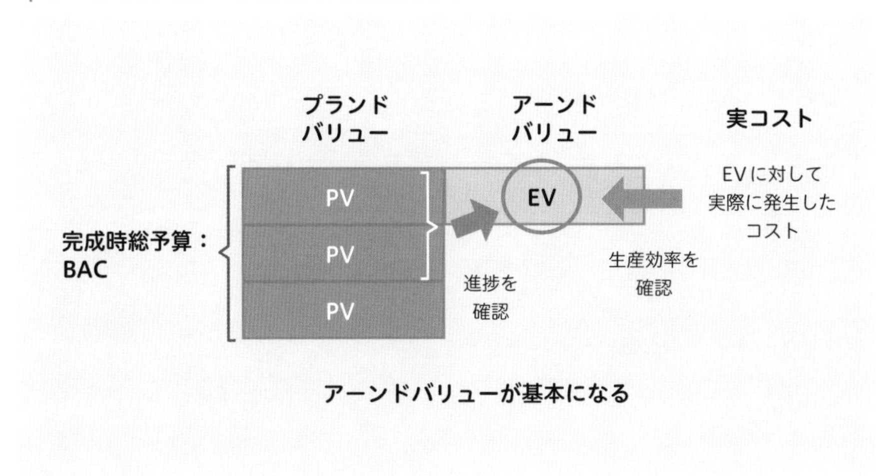

Section 73 課題に対処する手順

前のセクションで、計画通りにプロジェクトが進んでいるのかどうかを差異分析を使って確認できました。ここでは分析の結果、どのような手順で課題に対処していくのかを解説します。

課題に対処するための手順

差異分析を実施し、定期的に作業状況を確認できるようになりました。それでは、差異分析により課題が発生した場合は、どのような手順で対処することになるのでしょうか。

実は、こうした手順はプロジェクトマネジメントにおいて決められたものが存在します。課題に対処するための手順を理解しておけば、仮に自身のプロジェクトで課題が見つかった場合にも、慌てることなく次にとるべきアクションが明確になるでしょう。課題に対処する手順は次の通りです。

課題に対処するための手順

遅延や超過など課題やプロジェクト内で発生した出来事を確認する

課題や出来事の原因を特定する

課題や出来事の原因を解消するためにスコープ・スケジュール・コストを変更した場合、その影響を分析する

複数の対処法を考え、提案する

それぞれの対処法が適切であるかを検討し、最も良い対処法を選択する

計画書を更新し、関係するステークホルダーに状況を伝える

課題に対処する

アジャイルでの課題解決

前のページでは、一般的なプロジェクトにおける課題の対処手順を説明しました。ここでは、アジャイル型プロジェクトにおける課題の解決方法について解説します。

アジャイル型プロジェクトでは、イテレーション開始後、毎日15分程度のデイリースタンドアップミーティングを実施します。この会議ではチーム内で課題を共有しますが、会議の中で課題の対処法を検討することはありません。なぜなら、デイリースタンドアップミーティングは最大で15分という時間枠が決まっているためです。

対処法については、デイリースタンドアップミーティングが終わった後、必要な人だけが残って検討します。デイリースタンドアップミーティング後の会議で対処法を考えた場合、当該イテレーションで対処できれば良いのですが、難しい場合は次のイテレーションで対処することになります。

ここでのポイントは、「課題に対処しなければならないという理由で、イテレーションの期間が延長されることはない」という点です。アジャイル型プロジェクトでは、作業に集中できる環境を作るために、イテレーションを含めすべての会議の時間枠が決められています。その時間枠を**タイムボックス**と言います。以下の図で確認しておきましょう。

アジャイル型プロジェクトで課題への対処を検討する

		タイムボックス
イテレーション		1週間～4週間 (たいていは2週間)
イテレーションですべきこと	イテレーション計画	最大8時間
	デイリースタンドアップ会議	最大毎日15分
	レビュー	最大4時間
	レトロスペクティブ	最大3時間

デイリースタンドアップミーティングが終わった後で、必要な人だけが残り、課題への対処法を検討する

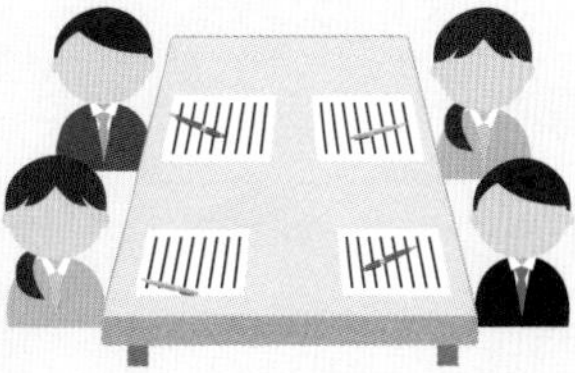

Section 74 最良の対処法の選択・実施

Section 73で紹介した課題に対処する手順の中に「最も良い対処法を選択する」というアクションがありました。では、そのアクションは誰が選択し、誰が行うべきなのでしょうか。以下で確認していきます。

誰が課題の対処法を選択するのか

課題が発生した場合は、複数の対処法が提案されます。では、誰が対処法を確認し、最も良いと思われる方法を選択するのでしょうか。実は、課題の影響度により異なります。

影響度が小さい場合は、プロジェクトマネジャーが自身の権限の範囲内で対処法を選択するケースが多いでしょう。課題の影響度が大きい場合には、プロジェクトマネジャーをはじめとする主要なメンバーや顧客を含め、会議を利用して選択するケースが多くなります。

どの程度の影響度から会議を利用して選択するのかは、本来であれば変更管理計画書（➡Section 55）などの文書で事前に決めておく必要があります。事前に決めておけば場当たり的な対応をすることもなくなります。

なお、すべての判断をある1人の管理者に任せるのは適切ではありません。すべてを1人の判断に任せてしまうと、その人が本当に判断すべきことが分かりづらくなり、仮に判断が遅れると課題に対処できなくなります。これを、**意思決定におけるグレシャムの法則**と言います。

誰が課題の対処法を選択するのか

影響度が
大きい
会議を利用して
判断する
課題が発生し、
対処法を検討
影響度が
小さい
プロジェクト
マネジャーなど
が判断する
事前に変更管理計画書などで
判断する人を決めておく
意思決定をメンバーに
委任することも検討する

課題管理表

対処法を選択した後は、選択した対処法を記述した**課題管理表**を作成し、メンバーと共有して課題への対処を行います。課題管理表はプロジェクトにおいてよく作成される文書の1つであり、課題ログとも言います。

課題管理表に課題内容や対処法などの情報を記述する理由は、メンバーと課題を共有することはもちろんですが、「プロジェクトにおいて同じ間違いを繰り返さない」という意図もあります。さらに課題管理表は、次のプロジェクトのための情報資産として活用できるのです。

課題管理表を利用する上でのポイントは、課題が発生したり対処法を決めたりした場合は、すぐに記述する必要がある点です。時間が経ってから情報を記述しようとすると、正確な情報を記述することができないことが多くなります。

以下に課題管理表のサンプルを掲載します。皆さんのプロジェクトでは課題管理表を利用していますか。

課題管理表の例

選択した対処法を記述する

NO	重要度	ステータス	課題内容	対処法	対応者	対応日	結果
1	高	完了	作業進行中に顧客から成果物に対して追加依頼が発生した。	顧客の要求を重視し、成果物を修正する。またスケジュールについて再度調整する旨、顧客に伝達する。	沼山	2022/3/10	顧客が了承し、成果物修正済み。
2	中	完了	プロジェクトマネジメント計画書に基づき、作業状況を確認したところ、遅延を確認した。メンバーの言動から判断したところ、遅延の原因はメンバーのエンゲージメントが減退しているためであった。	メンバーと話し合い、プロジェクト目標を再度確認する。適宜メンバーの状況を監視する。	中田	2022/4/12	メンバーの関与度を適宜確認しているが、現時点では対処済み。

課題の重要度を記述する。課題の重要度は、課題の影響度によって決まる。
たいていの場合は「高」「中」「低」の3段階。なお、課題の重要度は、本来は
変更管理計画書で定義しておく

Section 75 変更が発生する原因の分析

プロジェクトを進めていく中で、多くのケースでは変更が発生します。成果物への変更も課題の1つとして考えることができます。では、変更の原因にはどのようなものがあるのでしょうか。ここでは変更の原因を分析する方法を解説します。

変更が発生する原因

顧客や上司からの、成果物に影響を与えるような追加依頼も課題と考えることができます。こうした変更は、主にどのような原因で発生するのでしょうか。以下に主な原因をまとめてみました。

変更が発生する主な原因

項目	内容
新しい規制の制定	プロジェクトを進める過程で、社会や環境の変化により新しい規制が制定され、スコープや品質基準が変更になる
仕様変更	プロジェクトを進める過程で、顧客や自社の組織体制の変化などにより、顧客や上司などからスコープの仕様変更が発生する
現実的でない見積もり	仕事を獲得するために営業部門が顧客に送った、現実的でない低い見積もりによってスコープの変更が発生しやすくなる。現実的でない見積もりで作業を進めるとさまざまな課題が発生する
要求事項を十分に引き出せていない	メンバーのスキル不足などから、依頼者である顧客や上司から十分な要求事項を引き出せておらず、プロジェクトを進める過程で追加依頼が発生する

皆さんのプロジェクトではどうでしょうか。筆者の周りのプロジェクトでは、顧客のニーズが多様化したことによって「要求事項が十分に引き出せていない」ことから、変更が発生しているケースが多いと感じています。

変更の原因を分析する

前のページでは、変更が発生する主な4つの原因を挙げましたが、この4つを整理すると、「環境変化」「ステークホルダーのエンゲージメント」が関わっていることが分かります。

まず、変更の原因のうち「新しい規制の制定」「仕様変更」は、環境変化の要素が強いものです。この2つが原因での変更については事前のアクションが難しいため、組織体制の変更・社会や環境の変化をリスクとして捉え、コンティンジェンシー予備を準備しておく必要があるでしょう。

変更の原因のうち「現実的でない見積もり」「要求事項を十分に引き出せていない」は、メンバーのスキルや顧客のニーズの多様化といった側面はありますが、「ステークホルダーのエンゲージメント」の要素が強くなっています。

ステークホルダーのエンゲージメントが適正であれば、営業部門は現実的ではない見積もりをしないはずです。顧客に適切な価値を与え、プロジェクトを成功させるという認識を持ち、「単純に仕事を獲得するだけが営業部門の仕事ではない」と考えていれば、現実的な見積もりを顧客に提示するはずです。

要求事項の引き出しについても、顧客、上司、メンバーなど各ステークホルダーのエンゲージメントが適正であれば、顧客や上司は感情的知性に基づいて要求事項を提供します。メンバーも要求事項を引き出すことについて慎重になり、「この程度で良い」と妥協することなく進めているはずです。

変更の原因を分析する

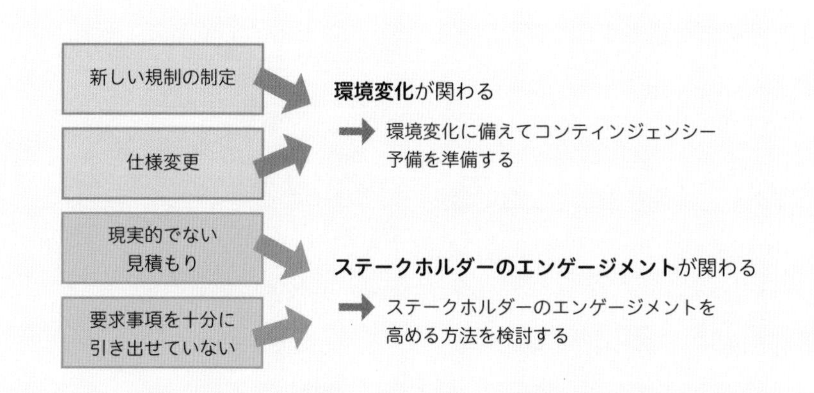

Section 76 会議の形骸化と会議進行のポイント

プロジェクトを進めていく上では、会議が適切に実施されているかどうかを確認する必要があります。では、会議を進めるポイントは一体どのようなものでしょうか。ここでは、会議を形骸化させず、上手く進める方法について解説します。

会議の形骸化を防ぐ

形式だけの中身のない会議にならないようにするポイントは、大きく2つあります。それは、「コミュニケーションマネジメント計画書などの文書を作成し、会議のルールなどを決めておくこと」と「定期的に会議の状況を確認すること」です。

コミュニケーションマネジメント計画書（➡Section 45）は、主に会議予定を記述し、各ステークホルダーがどのような情報を必要としているのか、またどのように情報を受け取りたいのかを明確にするための文書です。さらに、会議実施前にアジェンダを配布する、会議終了後には議事録を配布するといった会議のルールや、各会議にどのステークホルダーが参加するのかを決める文書でもあります。

会議のルールを決め、そのルールをメンバー（参加者）に徹底することができれば、中身のない、形式だけの会議になることを極力防ぐことが可能になります。

また、会議の形骸化を避けるには、定期的に会議の状況を確認することも必要です。この場合、すべての会議を1人の管理者が確認することは現実的ではありません。会議を確認する役割を、適宜メンバーに任せる必要があります。

会議を形骸化させないための方法

事前に各会議の参加者と会議のルールを決める
➡ **会議のルールを参加者に徹底する**

定期的に会議の状況を確認する
➡ **会議の数が多い場合は、メンバーに会議の確認を任せる**

会議を上手く進める

皆さんは会議をどのように進めていますか。また、会議を上手く進めるためのコツはどのようなものでしょうか。おそらく、人によってコツはさまざまだと思います。

筆者もかつて、日々の会議運営にとても悩んでいたことがあります。たとえば、メンバーから意見を聞きたいのにあまり意見を言ってもらえず、会議運営者が自分の意見を伝えるだけの場になってしまうことがありました。立場のある人が参加して会議の冒頭で自身の意見を述べてしまったために、その他の参加者が意見を言わなくなってしまうこともありました。

理論上は、ファシリテーション技法の「場づくり」(➡Section 30) が適切でなく、また集団的浅慮 (➡Section 31) が発生していることになりますが、簡単に言ってしまえば「会議運営者の準備不足」が原因です。

メンバーが意見を言わないのであれば、参加者の中で意見を言いやすい人にまずは話をしてもらいましょう。立場のある人が会議の冒頭で意見を言うことで、他の参加者が意見を控えてしまうのであれば、その人に会議の趣旨を伝えてオブザーバーとして参加してもらうよう約束するなど、事前準備が必要です。

いずれも重要なポイントは、会議の場で意見を言わないのは参加者の問題ではなく、会議運営者の問題であるという点です。もちろん、ここで解説した方法を実施する前提として、前ページで解説した「会議を形骸化しないための方法」が必要なことは言うまでもありません。皆さんはどのように会議の準備を進めていますか。

会議を上手く進めるためのポイント

会議を上手く進めることができないのは、意見を言わない参加者の問題ではなく、
意見が言える環境を作らない**会議運営者の準備不足**である

- 参加者のうち、意見が言いやすい人にまずは話をしてもらう
- 立場のある人が会議に参加するのであれば、事前に会議の趣旨を伝え、オブザーバーとして参加してもらうよう約束する

※前ページの「会議を形骸化しないための方法」が前提

Section 77 プロジェクトガバナンス

プロジェクトチームのやっていることは正しいのか、第三者が定期的に確認する必要があります。こうしたアクションをプロジェクトガバナンスと言います。ここでは、プロジェクトガバナンスについて解説します。

プロジェクトガバナンス

プロジェクトを進める上では、プロジェクトチームの作業の進め方を含め「本当に適切であるのか」を、プロジェクト業務に直接携わらないPMOなどの第三者が確認する必要があります。これにより、プロジェクトチームによる不正を未然に防ぐこともできます。これを**プロジェクトガバナンス**と言います。

それでは、プロジェクトガバナンスにおいては主にどのようなことを確認するのでしょうか。以下の表にまとめます。

プロジェクトガバナンスで確認する主な内容

No.	内容
1	企業の方針や国の規制に基づいたプロジェクト業務の進め方や成果物であるか
2	プロジェクトの成功の妥当性と、プロジェクト目標が会社の戦略に一致しているか
3	メンバーなど内部のステークホルダーと顧客やベンダーなど外部のステークホルダーとの関係を含めた、コミュニケーションの妥当性
4	課題が発生した場合の解決手順やプロジェクトマネジャーなどの権限の妥当性

PMOなどの第三者がこれらの内容を確認するタイミングは、主に各工程の最後であるフェーズゲートが妥当です。フェーズゲートではビジネスケースが満たされていることを確認しますが(➡Section 22)、それ以外に上記の内容も確認し、プロジェクトに対してガバナンスを適用します。皆さんのプロジェクトではどのようにガバナンスを適用していますか。

上司がガバナンスの役割を果たす

会社によってはPMOなどの部門が存在していないことがあります。この場合、PMOに代わってプロジェクトに対しガバナンスを適用するのは上司の役割です。

前ページの「プロジェクトガバナンスで確認する主な内容」を見た皆さんは、「そもそも上司は近くにいて、適宜報告もし、自分がやっていることを知っているはずなのに、なぜそこまで上司が確認する必要があるのか」と疑問に思うかもしれません。実は、筆者も同じような疑問を持ったことがあります。

こうしたケースでも、上司の要求に適切に応じることが必要です。なぜなら、仮に上司に対して適宜報告を行っていたとしても、マネジメントする側が現場の状況を完全に理解することは難しいためです。現場で成果物を開発している人は開発の専門家であり、上司は専門家の業務についてある程度理解することはできるものの、完全に理解することはできません。こうした状況を**エージェンシー問題における情報の非対称性**と言います。

エージェンシー問題とは、上司（プリンシパル）と成果物の開発をしている人（エージェント）の間に生じる利害対立の問題であり、プリンシパルとエージェントの間には必ず情報の非対称性が存在するという理論です。プリンシパルである上司は業務における詳細を把握することができないため、上司の要求に適切に対応する必要があるのです。皆さんの組織では、エージェンシー問題は発生していませんか。

上司がガバナンスの役割を果たす上でのポイント

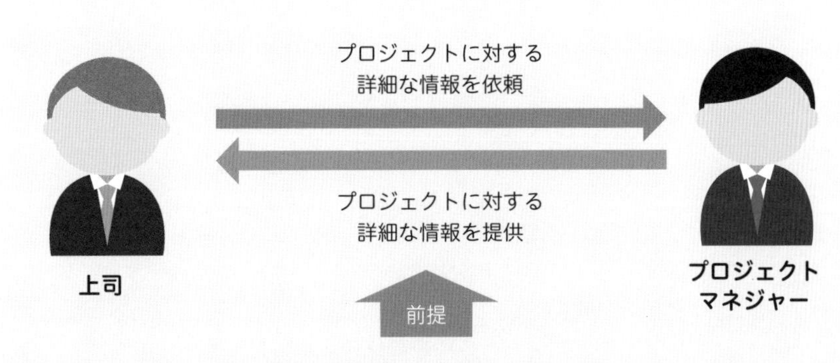

Section 78 成果物のテストとプロダクト評価

成果物を開発したら、その成果物が適切なものかどうかを確認します。こうした確認方法にはどのようなものがあるのでしょうか。また、確認した結果はどのようにまとめれば良いのでしょうか。

検査・テストとプロダクト評価 

成果物を開発した後は、その成果物が適切なものであることを確認します。成果物を確認するための方法には、**検査**（inspection）および**テストとプロダクト評価**（testing/product evaluations）があります。

検査とは、開発した成果物の状態を示した文書を、専門家などのステークホルダーに評価してもらうことです。検査の種類には、レビュー、ピアレビュー、監査、ウォークスルーなどが含まれます。

テストとプロダクト評価は、成果物に対してテストをすることです。テストとプロダクト評価の種類には、統合テスト、ブラックボックステスト、ホワイトボックステスト、回帰テスト、非破壊検査などが含まれます。

テストとプロダクト評価は、開発に携わっているメンバーが担当する場合もありますし、会社の中に品質保証専門の部門があればその部門が担当する場合もあります。

筆者の経験では、成果物の内容次第ですが、成果物を客観視できる人がテストをすることが望ましいと考えています。

皆さんのプロジェクトでは、主に「検査」「テストとプロダクト評価」のどちらを実施しているでしょうか。なお、業界やプロジェクトによっては、両方を利用しているケースもあります。

検査、テストとプロダクト評価の違い

名称	内容
検査	開発した成果物の状態を示した文書を、専門家などのステークホルダーに評価してもらうこと
テストとプロダクト評価	成果物に対してテストをすること

管理図

テストとプロダクト評価などを利用して成果物をテストした後は、テスト結果を整理してまとめる必要があると思います。その際に利用できるのが**管理図**(control chart) です。

管理図の例を下図に示します。管理限界線が品質基準を、仕様限界線が受け入れ基準を示しています。管理限界線は、一般的に3σ（シグマ）と言われます。これは、生成した成果物に異常がなければ、99.73%の確率で管理限界線が示す品質基準内の誤差の範囲内に成果物ができていることを表します。

一方で、テスト結果が管理限界線を越えた場合は、誤差の範囲を超えたことになるため、品質基準を満たさない成果物が開発されたことを表します。

管理図の例

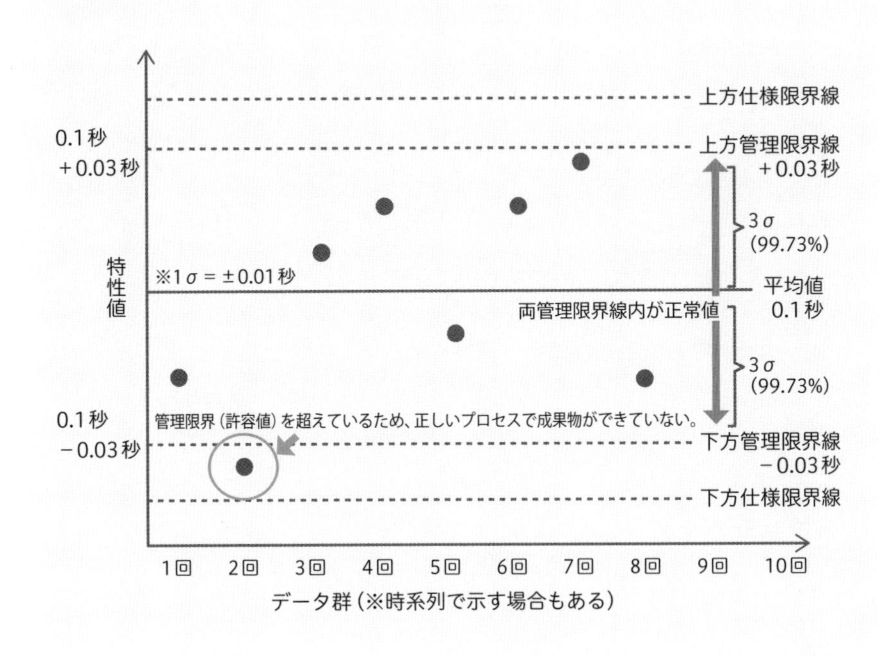

上図は、開発した成果物（ボタン）の反応速度を確認している管理図の例です。この図では、ボタンの反応速度は平均0.1秒であり、誤差を±0.03秒と定めています。

Section 79 ベンダーの作業状況とリスクの確認

プロジェクトを進める途中では、作業の一部を依頼しているベンダーの作業状況を確認しながら、リスクを定期的にチェックする必要があります。ここでは、ベンダー管理およびリスク確認について解説します。

ベンダーの作業状況を確認する

プロジェクトの規模によっては、すべての作業を自社のみで進めることが難しく、一部の作業をベンダーに依頼する場合があります。こうしたケースでは、ベンダーの作業状況を管理することも必要になります。

ベンダーに作業を依頼する場合は、ベンダーとの間で契約書や覚書を締結することになります。この時、ベンダーと依頼者の認識にずれがないことを確認し、ベンダーとのやり取りについてもリスクとして考えます。ベンダーがどのような計画に基づき作業をするのか、もし計画や方針が変更になった場合に、契約書に基づきベンダーとどのようなコミュニケーションをとる必要があるのか、といった点にも注意を払う必要があります。

プロジェクトでは計画や方針が変更になることも多く、これらが明確でない場合は、ベンダー作業のマネジメントが難しくなり、ベンダーとのやり取りにおいて課題が発生しやすくなります。

なお、ベンダーの作業を確認し、作業におけるコスト効率や作業進捗を確認するケースもあります。こうした確認作業を**パフォーマンスレビュー**と言います。皆さんはどのようにベンダーを管理していますか。

ベンダー管理

- ベンダーがどのような計画に基づき作業をするのか
- ベンダーとどのようなコミュニケーションをとるのか

■パフォーマンスレビュー
ベンダーの作業におけるコスト効率や作業進捗を確認する

リスクを定期的に確認する

皆さんは、プロジェクトの計画を立案した時にリスクを検討しているはずです。さらにプロジェクト作業を進める中で、会議などを利用して、計画時に検討していたリスクの状況を確認し、かつ今後どのようなリスクが発生する可能性があるのか考えていると思います。

この時、新たなリスクを特定するだけではなく、特定したリスクの影響分析や具体的な対応策、そしてすでに確認したリスクの発生確率と影響度の変化、除外すべきリスクの有無などを検討するのではないでしょうか。

Section 49でも説明した通り、プロジェクトを進める上ではリスクを定期的に確認する必要があります。プロジェクトは予定通りに進まないことが多いので、段階的詳細化に基づき計画を立案しますが、そこでリスクについても確認します。

筆者がこれまで担当してきたプロジェクトでも、顧客や上司の要求の変化が激しいプロジェクトほど、リスクについて慎重に検討し、適宜確認をしていました。リスクの定期的な確認は、今後の見通しを考える上でも役に立ちます。

皆さんのプロジェクトでは、会議などを利用して新たなリスクなどを確認していますか？　ご自身のプロジェクト業務を振り返ってみましょう。

リスクを確認する際のポイント

- プロジェクト進行中に新たなリスクを特定し、特定したリスクの影響の分析、具体的な対応策、既存リスクの発生確率と影響度の変化、除外すべきリスクの有無を検討する
- 変化が激しいプロジェクトほど、適宜リスクを確認する必要がある
- リスクを定期的に確認することは、今後の見通しを考える上でも役立つ

Section 80 プロジェクトの監視・コントロールで注意すべきこと

本章の最後に、筆者がプロジェクトの監視・コントロールをする上で考慮すべきポイントについて解説します。さらに、ここまで解説してきたプロジェクトの監視・コントロールにおける注意点をまとめています。

監視・コントロールの必要性

監視・コントロールと聞くと、自身の作業が完全に管理されているかのような印象を受け、あまり良い気分はしないかもしれません。しかしながら、プロジェクトにおいて監視・コントロールはとても重要なアクションです。

それでは、なぜ差異分析（➡Section 71）やアーンドバリューマネジメント（➡Section 72）などを利用して作業状況を確認するのでしょうか。これは、成果物を開発している現場の問題点をすべて洗い出し、しっかり管理することが目的ではありません。現時点での作業状況を確認した上で、成果物を開発している現場を「マネジメント側がサポートしたい」と考えていることが理由です。

つまり監視・コントロールの目的は、現場を管理することではなく、現場を「支援すること」です。適切な支援を行うためには、現場の状況を可能な限り把握していなければなりません。

現場からの「忙しい……」といった主観的、定性的な表現だけでは、マネジメント側の対応は難しくなります。そこで、差異分析やアーンドバリューマネジメントなどを利用して、客観的、定量的に現場の状況を把握するわけです。

皆さんが携わっているプロジェクトの進行中に、上司などマネジメント側から「今、プロジェクトの状況はどうなっているの？」という問い合わせを受けた場合は、嫌がらずぜひ快く情報を提供してください。

監視･コントロールの必要性

監視・コントロールの目的は、開発現場を管理すること
➡ 正しくない

監視・コントロールの目的は、開発現場を支援すること
➡ 正しい

支援を受けるためには、マネジメント側に**客観的、定量的な情報を提供**する

プロジェクトの監視・コントロールで注意すべきこと

本章では、プロジェクトの監視・コントロールに関連するさまざまなトピックを解説しました。本章で解説した内容と注意すべきポイントを以下の表にまとめます。今までの振り返りとして確認しましょう。

プロジェクトの監視・コントロールで注意すべきポイント

項目	内容
差異分析・傾向分析	差異分析は差異の原因を特定すること。傾向分析は現状をもとに見通しを検討すること。分析は1人ではなく、なるべくメンバーと話し合いながら行うことが望ましい
課題の対処法を考える際のポイント	プロジェクトの制約条件に基づき、なるべく複数の対処法を検討する。また、その対処法を誰が行うことができるのかも検討する必要がある
課題に対処するための手順	課題に対処するための手順をあらかじめ決めておくと、課題発生時に慌てず対処できる。アジャイル型プロジェクトでは、デイリースタンドアップミーティングの後に課題の対処法を考える場合がある
意思決定におけるグレシャムの法則	すべての判断を1人の管理者に任せるのは適切ではない。内容によっては、判断するアクションをメンバーに委任することも必要
変更の原因	変更の原因は、「環境変化」「ステークホルダーのエンゲージメント」に関わる部分が多い。環境変化はプロジェクトで対処することはできないが、エンゲージメントについては適宜確認することが可能
会議運営のポイント	会議を上手く進めるには事前準備が重要。上手く進められないのは、意見を言わない参加者の問題ではなく、意見が言える環境を作らない会議運営者の準備不足が原因
ベンダー管理	ベンダーに作業を依頼する場合は、契約において認識のずれがないことを確認するとともに、どのような計画に基づき作業をするのか、ベンダーとどのようなコミュニケーションをとるのかも事前にチェックする必要がある

Column 5

経験から学ぶ［経験学習］

プロジェクトメンバーのスキルを高めるために、メンバーにさまざまな経験をしてもらうことがあると思います。筆者も、こうしたマネジメント方法は適切だと考えています。

よく「経験から多くのことを学ぶ」と言いますが、これはあまり正しい表現ではありません。「経験したことを振り返って、多くのことを学ぶ」という表現が適切でしょう。仮に良い経験をしたとしても、振り返りもせずそのままの状態であれば、いつか詳細を忘れて同じような間違いを繰り返すことになります。経験をすることよりも、経験をして振り返りをすることが重要なのです。

ここで、教育学者のデイビット・コルブが提唱した**経験学習**を紹介しましょう。経験学習は、「具体的経験」「内省的観察」「抽象的概念化」「能動的実験」という4つのサイクルを進めることが学びにつながるという考えです。

具体的経験とは「まずは経験をしてみること」を指します。内省的観察は「経験したことを振り返り、思い返すこと」です。抽象的概念化は「振り返った内容から規則性を考えること」であり、能動的実験は「得られた規則性を利用して新たなチャレンジをすること」です。4つの中で最も重要なのは内省的観察だと言われています。

内省的観察の方法はさまざまですが、何かしらの経験をしたメンバーに対して感想を聞き、良いと感じたところ／悪いと感じたところを質問してみるのも良いでしょう。いずれにしても、メンバーに対して「経験させっぱなし」なのは妥当ではありません。

また、プロジェクトチーム内で人材再配置が頻繁に起こり、1つの分野に関してメンバーが多くの経験を積めなかった場合も、十分な内省的観察ができないと言われます。そのような点にも注意が必要です。

第6章

プロジェクトの完了

Section 81 漫然と実施される振り返り

振り返りは、プロジェクト活動においてとても重要なアクションですが、筆者の経験では、振り返りを漫然と実施しているプロジェクトはあまり良い方向に進むことがありません。ここでは、長期プロジェクトで起こりやすい出来事を例に解説します。

振り返りの目的と役割をあらためて確認する

これも、筆者の知り合いのプロジェクトマネジャーの話です。

そのプロジェクトマネジャーは、期間の長い開発系プロジェクトに携わっていました。ある時、そのプロジェクトマネジャーから、「プロジェクト開始時は勢いがあったのだが、年度を重ねていく内に、当初の勢いややり遂げようという意識が希薄になってきた。年度毎の区切りで振り返りを行い、プロジェクトを進めるようにしているのだが、最近ではこの振り返りも漫然と行われるだけになっている」という話を聞きました。

年度毎の区切りでプロジェクトを進めていく、という方針は素晴らしいことです。プロジェクトをより良い方向に進めるために、年度毎にプロジェクトの目標を確認し、場合によっては修正して新しい目標をメンバーと共有し、メンバーに内面化させることはもちろん重要です（➡Section 09）。しかしながら、振り返りが漫然と行われるだけになってしまうことは、プロジェクトにとって良いことではありません。

当然のことですが、プロジェクトの終結時には、顧客や上司などのプロジェクトの依頼者に完成した成果物を提供していることと思います。ただし、「成果物を提供することがプロジェクトのゴールではない」という点には注意しなければなりません。なぜなら、顧客や上司などの依頼者が完成した成果物を利用してみなければ、彼らに「価値」を提供できたかどうかが分からないためです。プロジェクトでは、成果物の価値を確認することが必要です。プロジェクトにおいては、このような「価値を確認できる振り返りを実施しているかどうか」がとても重要なアクションになります。

振り返りを漫然と行っているだけだと、以下のような問題に繋がる可能性が高くなります。

- メンバーのモチベーションが徐々に減退する
- 反省点を確認できず、次のプロジェクトでも同じ過ちを繰り返す
- 業務の棚卸しが難しくなり、次年度の始動が遅延する

漫然とした振り返りが引き起こすさまざまな問題

先ほど挙げた3つの問題について、もう少し詳しく見ていきましょう。

1つ目は、漫然とした振り返りを繰り返していると、メンバーのプロジェクトに対するモチベーションが徐々に減退する可能性があるという問題です。かつて筆者も経験したのですが、「成果物を納品できたかどうか」を基準に振り返りを実施するプロジェクトを繰り返していると、「とりあえず納品すれば良い」という空気が支配的になり、開発作業が機械的なものになります。徐々に「成果物を開発すること」が目的になってしまい、メンバーのモチベーションは減退します。

2つ目は、こうした振り返りではプロジェクトの反省点を確認することができず、次のプロジェクトでも同じ過ちを繰り返す可能性が高まるという問題です。プロジェクトはそもそも計画通り進むことはなく、失敗はつきものです。しかしながら、同じ過ちを繰り返すというのはまた別の問題でしょう。

3点目は、こうした振り返りだけでは業務の正確な棚卸しが難しいという問題です。長期のプロジェクトにおいては、年度毎にメンバーが入れ替わる可能性があります。もし、適切な棚卸しが実施されていなければ、新たに配置されたメンバーに対して「何をしてほしいのか」を正確に伝えることができません。あまり正確でないプロジェクト計画書を見せ、分かる範囲で現状だけを伝えることになるでしょう。その結果、次年度のプロジェクト始動が遅延してしまう可能性が高まります。

漫然とした振り返りにより発生する3つの問題

- 成果物を開発して納品することが目的になってしまい、メンバーのプロジェクトに対するモチベーションが徐々に減退する
- プロジェクトにおける反省点を確認できず、次のプロジェクトでも同じ過ちを繰り返す可能性が高まる
- 業務の棚卸しが難しくなり、新たに配置されたメンバーに対して「何をしてほしいのか」を伝えられず、次年度の始動が遅延する可能性がある

Section 82 終結時の振り返り・完了の定義

プロジェクト終結時には、成果物を納品できたかどうかに加えて、依頼者が成果物を利用した結果として得られた満足度・評価なども確認する必要があります。ここでは、評価の確認方法やその際のポイントについて解説します。

リサーチして評価を確認する

Section 81で説明したように、プロジェクトでは依頼者に「価値」を提供することが目的です。つまり、プロジェクトで開発した成果物を顧客や上司などのプロジェクト依頼者に提供すること自体は、プロジェクトの目的ではありません。価値を提供できたかどうかを確認するには、提供された成果物を依頼者が実際に利用した後、「どの程度の価値を与えることができたか」を確認する必要があります。そのために必要なのは、顧客や上司への**リサーチ**です。

顧客や上司が成果物を利用し、価値を提供できたかどうかをすぐに確認できれば良いのですが、成果物によってはすぐに確認できない場合もあります。こうしたケースではプロジェクトチームがすでに解散していることも多いので、顧客の立場に近い部門、上司の立場に近い部門などがリサーチをし、「成果物に対してどの程度満足しているのか」を確認するのが妥当な方法でしょう。

重要なポイントは、すでに解散してしまったプロジェクトチームのメンバーにも、可能な限り結果を伝えることです。その理由は、リサーチ結果を伝えることで、開発に携わったメンバーのモチベーションを維持しやすくなるためです。

リサーチを行う際のポイント

- 成果物を利用した後で得られる「価値」を確認すること（成果物の納品自体は目的ではない）
- チームが解散している場合は、顧客の立場に近い営業部門がリサーチを行うこと
- チームが解散している場合でも、開発に携わったメンバーにはリサーチ結果を伝えること

完了の定義

完了の定義 (definition of done) は、アジャイル型プロジェクトでよく利用されるものです。

完了の定義は、開発した成果物が使用できることや、要求されたすべての基準を満たすことを確認するためのチェックリストのことです。プロジェクト計画を検討する「チーム憲章」(➡Section 44) を作成するタイミングで設定され、プロジェクトに関係する顧客やメンバーなどすべてのステークホルダーで合意することが必要とされています。

完了の定義に関する重要なポイントは、先ほども触れた「合意」です。アジャイル型プロジェクトは、ウォーターフォール型プロジェクトと比べて関係するステークホルダーの数がそれほど多くないため、合意が得やすいという利点があります。

完了の定義を定めるということは、つまりプロジェクトの計画立案の段階で、すでに「何をもってプロジェクトを完了できるのか」が明確になっているということです。たとえばこの定義の中に、「プロジェクトが終了した後、開発した成果物を利用したステークホルダーの状況を分析する」といったチェック項目を加えることで、プロジェクトの終了を円滑に進めることができます。

顧客などの要求が変更された時は、完了の定義も変更しなければならない場合があります。

皆さんのプロジェクトでも、プロジェクトの計画時に、このように可能な限り合意が得られたチェックリストを作成してみてはいかがでしょうか。

完了の定義

完了の定義

- 関係するステークホルダーの合意が得られていること
- プロジェクトの計画立案時に作成する
- 顧客などの要求が変わった場合、定義も変更されることがある

開発した成果物が使用できること、要求が満たされていることを確認できるチェックリスト

Section 83 振り返りによる教訓の収集

プロジェクト依頼者に対してリサーチをし、プロジェクトに対する満足度を評価することができたら、プロジェクトチームによる振り返りを実施し、教訓を特定することが必要です。ここでは振り返りによって得られる教訓について解説します。

教訓登録簿・教訓リポジトリ 

プロジェクトの終結時には、**教訓** (Lesson learned) を特定する必要があります。教訓とは、プロジェクトの中で得られた知識のことです。より具体的には、プロジェクト内で発生した出来事に対してどのように対処したのか、また対処をしたことでどのような結果になったか、といった情報のことです。

こうした教訓は「振り返り」において確認することができます。こうした振り返りを、アジャイル型プロジェクトでは**レトロスペクティブ**と言います。

教訓を特定することで、プロジェクトの反省点を確認でき、次のプロジェクトで同じ過ちを繰り返す可能性は低くなります。こうした教訓をまとめた文書のことを、**教訓登録簿** (Lesson learned register) と言います。

企業や部門には多くのプロジェクトが存在します。個々のプロジェクトで作られた教訓登録簿をそのプロジェクトだけのものとするのではなく、企業や部門全体で共有したいと考えることもあるでしょう。組織として利用できるよう各プロジェクトの教訓登録簿を整理してまとめた文書のことを、**教訓リポジトリ** (Lessons learned repository) と言います。

教訓登録簿と教訓リポジトリ

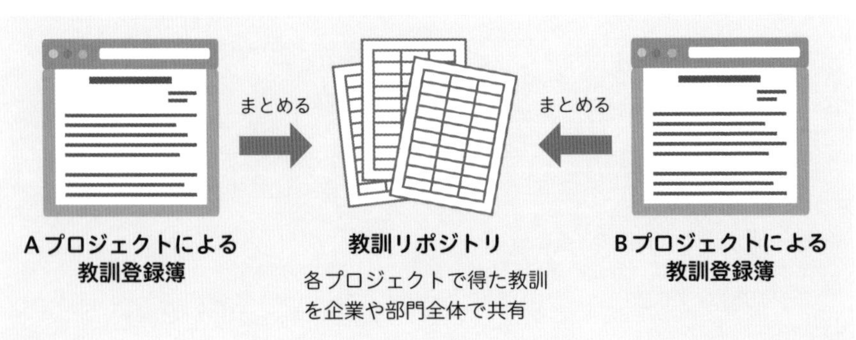

教訓の項目

教訓については、できるだけ具体的な内容が望ましいでしょう。また、成功した事柄に関する教訓よりも、失敗した事柄に関する教訓が望ましいです。

成功したことを教訓として多く残す人もいます。プロジェクトでも成功から学ぶことは多く、成功した事柄を教訓として残すことについては、筆者も否定はしません。ただしその場合も、成功だけでなく失敗したことについてもきちんと振り返っているかどうか、教訓を残しているかどうかをいま一度確認しておくのが妥当でしょう。

得られた教訓は、今後のプロジェクトを進める中でも適宜確認すべきです。教訓を収集する場合に、ある程度項目を明確にしておくと特定しやすくなります。以下の表は、教訓の項目の一例です。

教訓の項目例

項目	内容
スケジュールにおける教訓	該当プロジェクトでのスケジュール作成、スケジュールの変更や調整をする場合の注意点、変更や調整に関する判断のポイント
コンフリクトにおける教訓	コンフリクトが発生した場合における、このプロジェクトに合った妥当な方法、コンフリクトの対処で失敗したこと
ベンダー管理における教訓	業務に対する姿勢などベンダーの細かな特徴を含めた情報。また、該当ベンダーに対する対応の中で失敗したこと
顧客における教訓	キーパーソンは誰なのかなど、顧客に関する細かな特徴を含めた情報。また、顧客に対する対応の中で失敗したこと
コミュニケーションに関する教訓	利用したコミュニケーション方法を含め、コミュニケーションをとる際に注意したこと、またエンゲージメントを高めるためにどのような対応方法をとったのか
プロジェクトの目標設定に関する教訓	組織の目標とプロジェクトの目標との整合性をどのようにとったのか、その際に注意をしたことや失敗したこと

Section 84 教訓の収集において注意すること

教訓を特定するための振り返りは、どのように行うべきでしょうか。こうした目的での振り返りに利用される手法の1つにKPT分析があります。ここではKPT分析について解説するとともに、振り返りを行う際の注意点についても取り上げます。

教訓の収集方法

教訓を特定するための振り返りの方法の1つに**KPT分析**があります。KPT分析とは、Keep（今後も維持すべきことであり、良かったこと）、Problem（問題点であり、悪かったこと）、Try（次にすべきこと）の3つの頭文字をとった分析方法で、アジャイルソフトウェア開発宣言（➡Section 15）などに関わったアリスター・コバーンによって提唱されたものです。アリスター・コバーンによって提唱されたということもあって、アジャイル型プロジェクトでよく利用される方法ですが、構造が分かりやすいためどのようなプロジェクトでも利用できます。以下の図がKPT分析の例です。

KPT分析以外の教訓の収集方法として、管理部門がプロジェクトチームのメンバーを集めて教訓を引き出す**監査**（Audit）という方法があります。こちらも有効な方法ですが、監査はプロジェクトに直接関わらなかった管理部門が行うことから、形式的なものになりやすいというデメリットもあります。皆さんはどのような方法で教訓を収集していますか。

KPT分析のサンプル

Keep 顧客の初期段階の要求事項は今までの方法で明確にできている	**Try** 制約条件をもとに、新しいツールを利用してプロジェクトの状況を適宜確認する
Problem 顧客の要求事項が変化した時に妥当な提案ができない	

振り返りを実施する際の注意点

振り返りを実施することで、多くの教訓を収集できます。しかしながら、教訓をたくさん収集したからといって満足してはいけません。筆者の周りのプロジェクトでもよくあるのですが、多くの教訓を収集したものの、それらの情報を組織内のメンバーにどう展開していくのか、つまり活用方法が明確でないケースが目立ちます。こうしたケースでは、多くの労力を使って教訓を収集したにも関わらず収集した教訓は誰の目にも触れず、宝の持ち腐れになってしまっています。

こうした事態を避けるには、事前に「どのような内容、どのような伝達方法であれば教訓が利用しやすいのか」という点を利用者にヒアリングし、教訓を活用する方法を検討しておきます。また、検討した方法が妥当ではない（組織に合っていない）ことも考えられます。何度か挑戦して、皆さんの会社・組織に合った方法を模索しましょう。ここでの重要なポイントは、情報を展開する側の視点ですべてを決定して進めてはならない点です。情報を受け取り、利用する側の視点を重視してください。

振り返りを行った後、プロジェクト完了報告書などを作成する場合があります。かつて筆者が経験したことですが、管理部門の権限が強すぎる顧客の場合に、管理部門の規定に沿うためにプロジェクト内容や結果を変えて完了報告書を作成しなければならないケースがありました。言うまでもなく、そのような報告書は妥当なものではありません。虚偽の報告内容になっている可能性があり、次のプロジェクトのための参考資料にならないためです。

振り返りを実施する際の注意点

教訓を活用する開発現場の人に、現場で活用しやすい教訓の形式をヒアリングするなどして、教訓を活用するための方法を事前に検討する

情報の展開方法を考え、振り返りを行う

Section 85 プロジェクトマネジメントにおける心がけ

本書では、プロジェクトの立ち上げから終結まで、プロジェクトマネジメントの全体に関するさまざまなノウハウを解説しました。書籍の最後に、プロジェクトマネジメントにおいてプロジェクトマネジャーが心がけるべきポイントについて解説します。

プロジェクトマネジメントにおいて心がけること

本書では、プロジェクトの立ち上げから終結までの流れにおけるさまざまな知識やノウハウを解説してきました。ここでは書籍のまとめとして、プロジェクト全体をあらためて俯瞰し、プロジェクトマネジメントにおいてどのような点に心がけるべきかを確認していきます。心がけるべきポイントはさまざまなものがありますが、筆者のこれまでの経験から、とくに重要だと考えるのは次の4点です。

リーダーシップ

1点目は**リーダーシップ**です。Section 11で解説しましたが、プロジェクトではさまざまな状況が発生します。リスクを可能な限り考慮し、適切なプロジェクト目標を示しながらメンバーを鼓舞しつつ、リーダーシップを発揮してチームを率いていく必要があります。外部環境の変化などによりプロジェクト目標が変わってしまった場合には、意図をメンバーに伝え、新しい目標をメンバーに納得してもらうことも必要です。

適応力

2つ目は**適応力**です。プロジェクト目標は変化する可能性があり、当初設定した計画通りにプロジェクトが進むことはほぼあり得ません。そこで重要になるのが適応力です。

適応力が大切だからといって、すべての事象に柔軟に対応することが良いわけではありません。柔軟に対応すべきかどうかは、プロジェクトの制約条件に基づいて考えることが大切です。「スコープ（要求事項）」「コスト（開発費）」「スケジュール（納期）」を考慮して対応を考えることが、現実的な適応力だと言えるでしょう。

緻密さ

3つ目は**緻密さ**です。プロジェクトの計画は、分かる範囲で徐々に立案するのが妥当です。これを段階的詳細化（➡Section 70）と言いますが、段階的詳細化を行う場合も緻密に考える必要はあります。ここで言う緻密とは、「リスクを可能な限り想定し」「バッファを考慮して計画の妥当性を考え」「タスクを設定する」ことです。計画通り進まないプロジェクトを上手くコントロールするには、こうした緻密さが重要です。

配慮

4つ目は**配慮**です。プロジェクトでは、成果物を開発するメンバーが気持ち良く集中できるようなマネジメントが必要です。

時々、メンバーに「仕事を振る」という表現を使う人がいますが、筆者はこれは適切ではなく、「仕事をお願いする」という表現が妥当だと考えます。そもそも、すべての業務をプロジェクトマネジャー1人では行えないからこそ、チームという形で業務を進めています。プロジェクト業務自体はすべてプロジェクトマネジャーの仕事です。

また、忙しいからといって相手に対する配慮を欠くべきではありません。そもそも忙しくないプロジェクトマネジャーは存在しません。たとえばメンバーへの依頼の際に、単語のみ、一文のみといった連絡は避けるべきでしょう。相手がどのような状況があるのかを常に想像し、適切なコミュニケーションをとる必要があります。

一方、メンバーもエージェンシー問題（➡Section 77）を考慮して、プロジェクトマネジャーを支援することが必要です。皆さんはどのような点を心がけていますか。

Column 6

再度プロジェクトを依頼したい［ブランド・ビルディング・ブロック］

プロジェクトマネジメントでも応用できると思われる、マーケティングの専門家であるケビン・ケラーが提唱した**ブランド・ビルディング・ブロック**について紹介します。

ブランド・ビルディング・ブロック

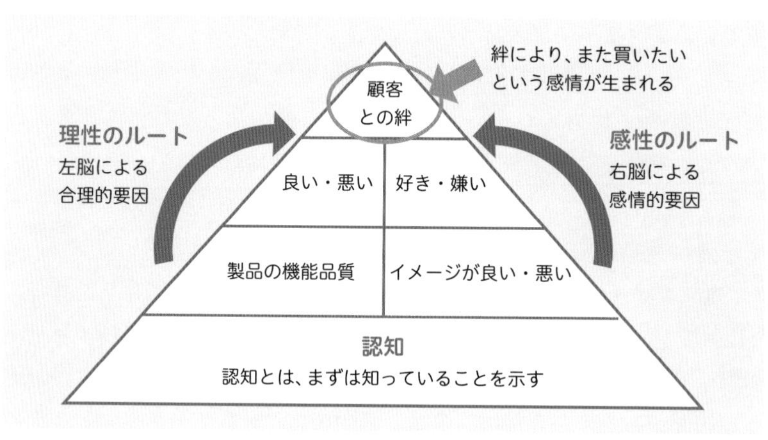

ブランド・ビルディング・ブロックでは、顧客が再度同じ商品を購入したいと考える場合、上図のように「理性のルート」と「感性のルート」の両方が必要であると考えます。仮に製品の機能品質が高かったとしても、そもそもイメージが悪い場合には、その企業の製品をまた購入したいとは思わないでしょう。

これはプロジェクトの品質でも同様です。仮に開発部門が機能面で優れた成果物を開発したとしても、開発に携わったチームのイメージが良くなければ、また同じチームにプロジェクトを依頼する可能性は低くなると思います。品質とは「要求を満たす程度」であり、成果物の品質だけを追求するのは妥当ではありません。プロジェクトの品質を、マーケティングの視点で考えるのも良いかもしれませんね。

参考文献

- 『A Guide to the Project Management Body of Knowledge (PMBOK Guide), 6th Edition』(Project Management Institute)
- 『A Guide to the Project Management Body of Knowledge (PMBOK Guide), 7th Edition』(Project Management Institute)
- 『ISO21500から読み解くプロジェクトマネジメント』(榎本徹［著］／オーム社)
- 『Managing Successful Projects with PRINCE2』(AXELOS Limited)
- 『ITIL4 Foundation (Managing Professional)』(AXELOS Limited)
- 『アジャイル実務ガイド』(Project Management Institute)
- 『アジャイルソフトウェア開発宣言』(https://agilemanifesto.org/iso/ja/manifesto.html)
- 『チームワークの心理学―エビデンスに基づいた実践へのヒント』(マイケル・A・ウェスト［著］／下山晴彦［監修］／高橋美保［訳］／東京大学出版会)
- 『EQ 2.0－「心の知能指数」を高める66のテクニック)』(トラヴィス・ブラッドベリー、ジーン・グリーブス［著］／関美和［訳］／サンガ)
- 『知識創造企業』(野中郁次郎、竹内弘高［著］／梅本勝博［訳］／東洋経済新報社)
- 『経験からの学習―プロフェッショナルへの成長プロセス』(松尾睦［著］／同文舘出版)
- 『国際人的資源管理』(関口倫紀、竹内規彦、井口知栄［編著］／中央経済社)
- 『グループ・ダイナミックス―集団と群集の心理学』(釘原直樹［著］／有斐閣)
- 『経営学史叢書VI　バーナード』(経営学史学会［監修］／藤井一弘［編著］／文眞堂)
- 『中小企業の人材開発』(中原淳、保田江美［著］／東京大学出版会)
- 『職場学習の心理学』(伊東昌子、渡辺めぐみ［著］／勁草書房)
- 『コーポレート・ファイナンス実務の教科書』(松田千恵子［著］／日本実業出版社)
- 『ファイナンス思考―日本企業を蝕む病と、再生の戦略論』(朝倉祐介［著］／ダイヤモンド社)
- 『世界標準の経営理論』(入山章栄［著］／ダイヤモンド社)
- 『世界最高峰の経営教室』(広野彩子［編著］／日経BP)
- 『日本"式"経営の逆襲』(岩尾俊兵［著］／日本経済新聞出版)
- 『武器としての戦略フレームワーク―問題解決・アイデア創出のために、どの思考ツールをどう使いこなすか？』(手塚貞治［著］／日本実業出版社)
- 『強い会社が実行している「経営戦略」の教科書』(笠原英一［著］／中経出版)
- 『企業変革力』(ジョン・P・コッター［著］／梅津祐良［訳］／日経BP)
- 『インストラクショナルデザインの理論とモデル　共通知識基盤の構築に向けて』(C・M・ライゲルース、A・A・カー＝シェルマン［編］／鈴木克明、林雄介［監訳］／北大路書房)
- 『インストラクショナルデザインの原理』(ロバート・M・ガニェ、ウォルター・W・ウェイジャー、キャサリン・C・ゴラス、ジョン・M・ケラー［著］／鈴木克明、岩崎信［監訳］／北大路書房)

索引

■著者プロフィール
前田 和哉（まえだかずや）
株式会社 TRADECREATE　E-PROJECT 事業部長。PMI 認定 PMP、Microsoft 認定 MCTS、CompTIA Project+、EXIN 認定インストラクター（PRINCE2・Agile Scrum Foundation）などの資格を取得し、PMP 資格取得研修やプロジェクトマネジメントに関する講演・研修を行っている。著書に『図解即戦力 PMBOK 第 6 版の知識と手法がこれ 1 冊でしっかりわかる教科書』（技術評論社）。

■お問い合わせについて
本書に関するご質問は、記載内容についてのみとさせて頂きます。本書の内容以外のご質問については一切応じられませんので、あらかじめご了承ください。なお、お電話でのご質問は受け付けておりませんので、書面または FAX、弊社 Web サイトのお問い合わせフォームをご利用ください。

■問い合わせ先
〒 162-0846　東京都新宿区市谷左内町 21-13
株式会社技術評論社
「プロジェクトマネジメントの基本がこれ 1 冊でしっかり身につく本」係
FAX 03-3513-6173
URL https://gihyo.jp
ご質問の際に記載頂いた個人情報は、回答以外の目的に使用することはありません。使用後は速やかに個人情報を破棄いたします。

■本書サポートページ
https://gihyo.jp/book/2022/978-4-297-12905-7
本書記載の情報の修正／訂正／補足については、当該 Web ページで行います。

● 装丁 ……………………………………菊池 祐（株式会社ライラック）
● 本文デザイン／ DTP ……………………リンクアップ
● 編集 ……………………………………鷹見 成一郎

プロジェクトマネジメントの基本がこれ1冊でしっかり身につく本

2022 年　7 月　6 日　初版　第 1 刷 発行
2024 年　8 月 28 日　初版　第 3 刷 発行

著者　株式会社 TRADECREATE　イープロジェクト　前田 和哉
発行者　片岡 巌
発行所　株式会社技術評論社
東京都新宿区市谷左内町 21-13
電話 03-3513-6150　販売促進部
03-3513-6177　雑誌編集部
印刷／製本　日経印刷株式会社

定価はカバーに表示してあります。

ISBN978-4-297-12905-7 C3055

Printed in Japan